W0204656

Fredo 4 Mathematik

Arbeitsheft

Allgemeine Ausgabe

Erarbeitet von
Mechtilde Balins
Rita Dürr
Nicole Franzen-Stephan
Petra Gerstner
Ute Plötzer
Anne Strothmann
Margot Torke
Lilo Verboom

Illustriert von
Cleo-Petra Kurze
Martina Theisen

Oldenbourg Schulbuchverlag, München

Inhaltsverzeichnis

Erläuterung der farbigen Überschriften auf den Arbeitsheftseiten:

Wiederholung | Zahlen | Rechnen | Geometrie | Sachrechnen | Daten und Zufall

1000 und weiter

SB S. 5

1 a) Wie heißen die Zahlen? Trage in die Stellenwerttafel ein. Notiere.

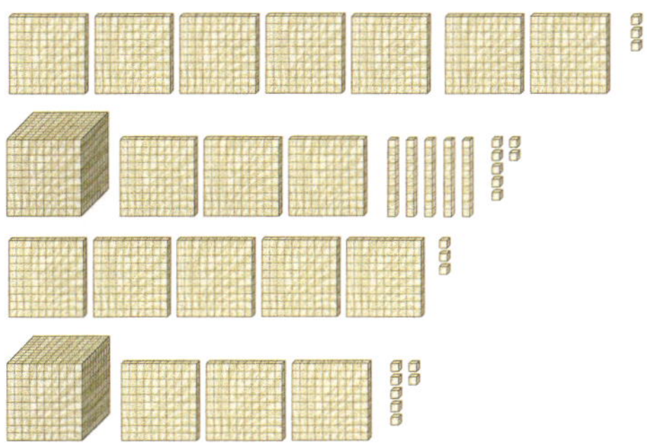

T	H	Z	E

b) Ordne die Zahlen nach der Größe. Beginne mit der kleinsten Zahl.

2 Schreibe als Zahl.

eintausendvierhundertdreizehn

eintausendvierhundertdrei

eintausendeinunddreißig

eintausenddreihundertvierzig

3 Schreibe als Zahl.

3 H 7 Z 9 E	4 E 8 Z 1 T 1 H	6 H 1 T 1 E	7 Z 3 E 1 T	1 T 1 Z

4 Setze richtig ein: (>), (<), (=)

a) 1 058 ◯ 1 050
1 580 ◯ 1 850
1 508 ◯ 1 085

b) 1 000 + 24 ◯ 1 224
1 000 + 42 ◯ 1 024
1 000 + 420 ◯ 1 402

c) 1 000 + 680 ◯ 1 068
1 000 + 806 ◯ 1 806
1 000 + 6 ◯ 1 008

5 Zahlenrätsel

Die gesuchten Zahlen liegen zwischen 1 200 und 1 400. Sie sind gerade und haben doppelt so viele Zehner wie Einer.

Die gesuchten Zahlen liegen zwischen 1 600 und 1 800. Sie sind ungerade und haben halb so viele Einer wie Zehner.

1 Rechne.

a) 40 + 50 = ______
400 + 500 = ______

b) 90 – 70 = ______
900 – 700 = ______

c) 80 – 50 = ______
800 – 500 = ______

2 Rechne.

a) 700 + 400 = ______
700 + 500 = ______
700 + 600 = ______

b) 1 200 – 300 = ______
1 200 – 400 = ______
1 200 – 500 = ______

c) 1 400 – 600 = ______
1 400 – 700 = ______
1 400 – 800 = ______

3 Rechne.

a) 1 700 + 200 = ______
1 700 + 290 = ______
1 700 + 296 = ______

b) 1 600 – 300 = ______
1 600 – 340 = ______
1 600 – 348 = ______

c) 1 800 – 700 = ______
1 800 – 770 = ______
1 800 – 777 = ______

4 Rechne.

a) 43 + 36 = ______
143 + 36 = ______
1 143 + 36 = ______

b) 56 + 27 = ______
156 + 27 = ______
1 156 + 27 = ______

c) 74 + 19 = ______
174 + 19 = ______
1 174 + 19 = ______

d) 97 – 63 = ______
197 – 63 = ______
1 197 – 63 = ______

e) 84 – 48 = ______
184 – 48 = ______
1 184 – 48 = ______

f) 52 – 37 = ______
152 – 37 = ______
1 152 – 37 = ______

5 Rechne.

a) 1 450 + 80 = ______
1 670 + 60 = ______
1 480 + 90 = ______

b) 1 540 – 70 = ______
1 620 – 50 = ______
1 710 – 80 = ______

c) 1 520 – 70 = ______
1 730 – 80 = ______
1 260 – 90 = ______

6 Rechne.

a) 6 · 3 = ______
6 · 30 = ______
6 · 300 = ______

b) 12 : 4 = ______
120 : 4 = ______
1 200 : 4 = ______

c) 14 : 2 = ______
140 : 2 = ______
1 400 : 2 = ______

7 3 Zahlen – 4 Aufgaben: Finde die passende Zahl und bilde 4 Aufgaben.

7	80	

7 · 80 = ______
______
______
______

60		480

______
______
______
______

	50	2 000

______
______
______
______

Schriftliches Rechnen

SB S. 8, 9

1 Rechne.

483	726	502	1246	1070
+ 359	+ 189	− 265	− 638	− 594

237, 436, 476, 608, 842, 915

2 Im Kopf oder schriftlich?

325 + 475 = ____	123 + 70 + 207 = ____	734 − 369 = ____
286 + 575 = ____	95 + 346 + 279 = ____	700 − 234 = ____
156 + 394 = ____	412 + 189 + 265 = ____	476 − 187 = ____
304 + 496 = ____	240 + 302 + 98 = ____	403 − 398 = ____

3 Setze die Ziffern passend ein. Eine Karte bleibt übrig.

a)
7 ☐ 3
\+ ☐ ☐ 8
9 5 1
Karten: 0 2 4 6

b)
☐ ☐ 8
\+ 2 ☐ 9
6 0 7
Karten: 1 3 4 5

c)
☐ 2 3
\+ 4 ☐ ☐
☐ 9 0
Karten: 1 5 6 7 8

d)
4 ☐ ☐
\+ ☐ 8 2
☐ 7 5
Karten: 0 1 3 6 9

e)
4 9 5
\+ ☐ ☐ ☐
7 ☐ ☐
Karten: 0 1 2 3 6 8

f)
☐ 6 ☐
− 2 4 8
3 ☐ 9
Karten: 0 1 5 7

g)
8 9 ☐
− ☐ ☐ 4
7 5 6
Karten: 0 1 2 3

h)
☐ 3 8
− ☐ ☐ ☐
1 4 2
Karten: 0 5 6 7 9

i)
☐ ☐ 9
− 1 7 ☐
☐ 3 4
Karten: 0 2 5 6 8

j)
☐ 7 0
− ☐ ☐ ☐
3 1 2
Karten: 4 5 6 8 9

1 a) Wähle gleiche Startzahlen und ergänze die Zahlenfolge.

4	4			
5				

7	7			
8				

4	4	8	12	

4 + 4 = 8
4 + 8 = 12
8 + 12 =

b) Vergleiche die jeweilige Zielzahl mit den Startzahlen. Was fällt dir auf?

____

2 a) Wähle zwei gerade Startzahlen.
Vermute: Ist die Zielzahl gerade oder ungerade? Überprüfe.

8	6			
4				

10	4			
16				

6	12			
12				

____

b) Wähle zwei ungerade Startzahlen.
Vermute: Ist die Zielzahl gerade oder ungerade? Überprüfe.

7	3			
9				

15	9			
13				

11	1			
3				

____

c) Gelten die Regeln auch, wenn du die Zahlenfolge jeweils um eine Zahl verlängerst? Überprüfe.

8	6				

7	3				

____

____

3 Eine Fibonacci-Zahlenfolge startet mit zwei ungeraden Zahlen.
Welche Zahlen sind gerade, welche Zahlen sind ungerade?

10. Zahl: __________ 15. Zahl: __________ 22. Zahl: __________
43. Zahl: __________ 79. Zahl: __________ 100. Zahl: __________

Zahlenrätsel

SB S. 13

1 Wie heißt die Zahl? Löse mithilfe einer Rechenkette.

a) Ich denke mir eine **Zahl** und addiere 36,
dann multipliziere ich das Ergebnis mit 6 und erhalte 420.

+ 36 → → 420

Die **Zahl** heißt ______ .

b) Ich denke mir eine **Zahl** und subtrahiere 220,
dann dividiere ich das Ergebnis durch 8 und erhalte 60.

→ → 60

Die **Zahl** heißt ______.

2 Löse mithilfe einer Rechenkette.

a) Ich denke mir eine Zahl und multipliziere sie mit 3, dann subtrahiere ich 60 und dividiere durch 5 und erhalte 30. Meine Zahl heißt ______ .

b) Wenn ich zu meiner Zahl 43 addiere, das Ergebnis mit 7 multipliziere, dann 450 subtrahiere, erhalte ich 180. Meine Zahl heißt ______ .

3 Finde verschiedene Rechenketten mit der Zielzahl 455.

a) → + → → 455

b) → : → → 455

c) → · → → 455

Achsensymmetrie

SB S. 16, 17

1 Spiegle die Figuren an der Symmetrieachse.

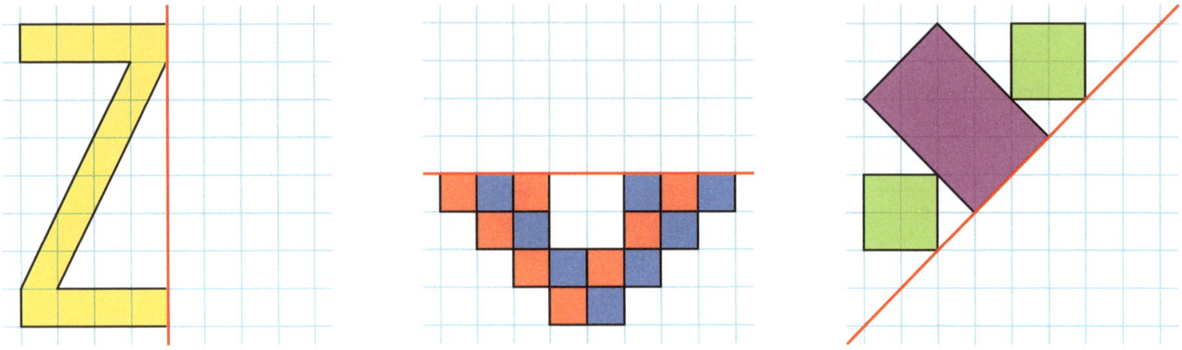

2 Spiegle die Figuren an den Symmetrieachsen.

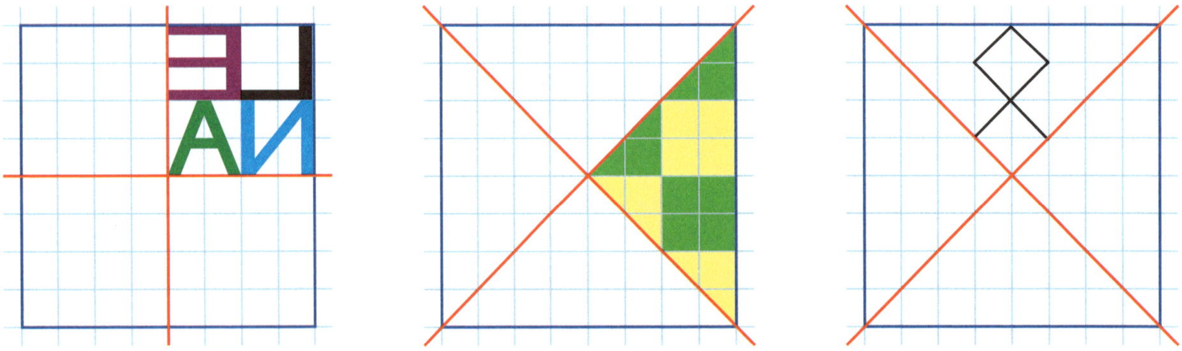

3 Quadrate wurden zweimal gefaltet und eingeschnitten.
Zeichne die Figuren, die beim Auffalten entstehen.

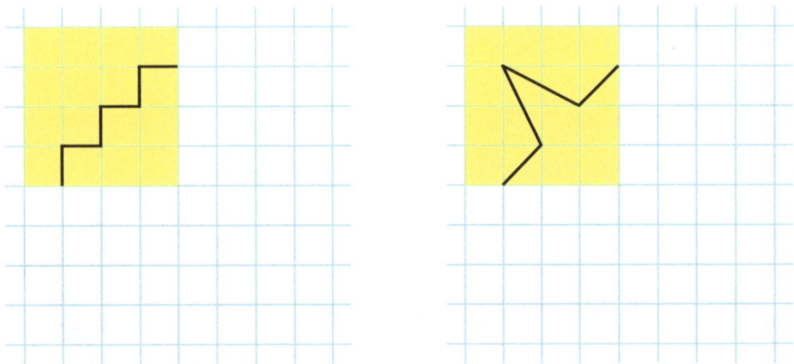

4 Quadrate wurden zweimal gefaltet. Wie musst du zeichnen und schneiden, um beim Auffalten …

a) … ein Kreuz zu erhalten?

b) … ein vierblättriges Kleeblatt zu erhalten?

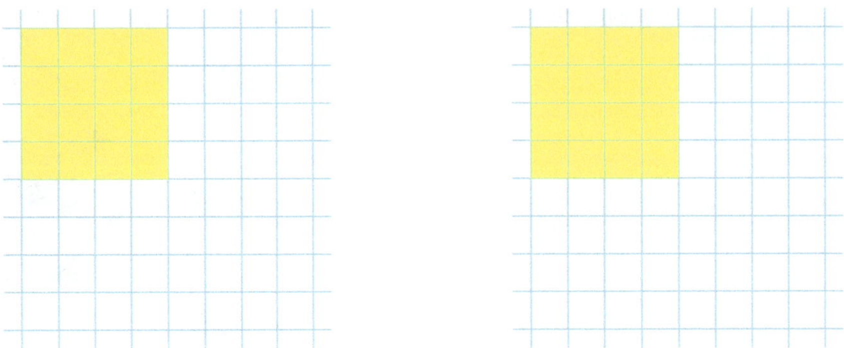

Tabelle und Diagramm

1 Durchschnittliche Schulterhöhe von Hunden

Rasse	Schulterhöhe
Beagle	35 cm
Bernhardiner	75 cm
Bobtail	60 cm
Chihuahua	18 cm
Dackel	20 cm
Deutsche Dogge	78 cm
Labrador	55 cm

Ergänze die Aussagen.

- Die Schulterhöhe eines Dackels beträgt durchschnittlich _____ cm.
- Die Schulterhöhe eines Labradors _______________________________.
- Ein Beagle ist ca. _____ cm kleiner als eine Deutsche Dogge.
- Ein Bobtail ist ca. _____ cm größer als ein Dackel.

2 Zeichne zu den Daten der Tabelle ein Säulendiagramm.

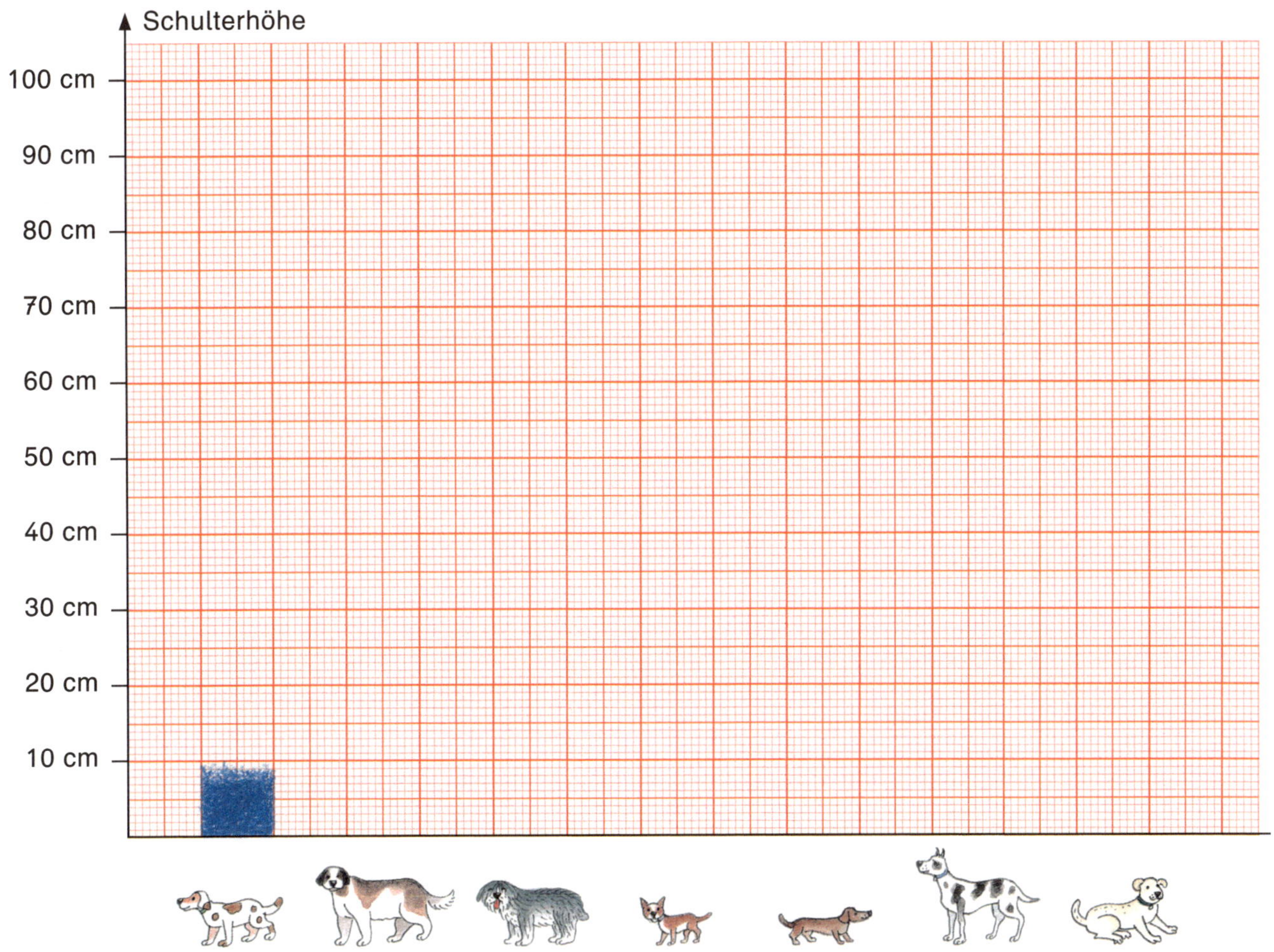

1 Rechne halbschriftlich.

8 · 42 = ____
8 · 40 = ____
8 · 2 = ____
____ + ____

4 · 123 = ____
4 · 100 = ____
4 · 20 = ____
4 · 3 = ____
____ + ____ + ____

72 · 4 = ____
70 · 4 = ____
2 · 4 = ____
____ + ____

236 · 3 = ____
200 · 3 = ____
30 · 3 = ____
6 · 3 = ____
____ + ____ + ____

2 Rechne halbschriftlich.

4 · 83 = ____
4 · ____ = ____
4 · ____ = ____

5 · 74 = ____
5 · ____ = ____
5 · ____ = ____

67 · 6 = ____
____ · 6 = ____
____ · 6 = ____

82 · 7 = ____
____ · 7 = ____
____ · 7 = ____

2 · 342 = ____
2 · ____ = ____
2 · ____ = ____
2 · ____ = ____

3 · 259 = ____
3 · ____ = ____
3 · ____ = ____
3 · ____ = ____

142 · 5 = ____
____ · 5 = ____
____ · 5 = ____
____ · 5 = ____

176 · 4 = ____
____ · 4 = ____
____ · 4 = ____
____ · 4 = ____

3 Fülle die Tabellen aus.

·	40	8	48
3			
6			
9			

·	60	9	69
4			
7			
8			

·	5	6	7
70			
3			
73			

4 Fülle die Tabellen aus.

·	50	7	57
2			
		21	
4			

·	9		
80		80	
4			28
84			

·			

5 Rechne wie im Beispiel.

3 · 19 = 57	5 · 69 = ___	6 · 49 = ___	7 · 29 = ___
3 · 20 = 60	5 · 70 = ___	6 · 50 = ___	7 · 30 = ___
3 · 1 = 3	5 · 1 = ___	6 · 1 = ___	7 · 1 = ___
60 – 3	___ – ___	___ – ___	___ – ___

6 Rechne wie im Beispiel.

7 · 19 = 133	6 · 29 = ___	4 · 39 = ___	5 · 49 = ___
7 · 20 = 140	6 · ___ = ___	4 · ___ = ___	5 · ___ = ___
7 · 1 = 7	6 · ___ = ___	4 · ___ = ___	5 · ___ = ___

3 · 299 = ___	5 · 199 = ___	6 · 199 = ___
3 · 300 = ___	5 · ___ = ___	6 · ___ = ___
3 · ___ = ___	5 · ___ = ___	6 · ___ = ___

7 Bilde Multiplikationsaufgaben.

4 7 8 6 ⊙ 57 64 74 83 98 143

a) Ergebnis zwischen 500 und 600

b) Ergebnis zwischen 300 und 400

Maßeinheiten

1 Ergänze.

1 km = ________ m
1 m = ________ cm
1 cm = ________ mm

1 € = ________ ct

1 kg = ________ g

1 h = ________ min
1 min = ________ s

2 Welche Maßeinheit passt? Setze richtig ein.

Ein Handy kostet 99 _____.

Ein Fußballspiel dauert $1\frac{1}{2}$ _____.

Ein Bleistift ist 17 _____ lang.

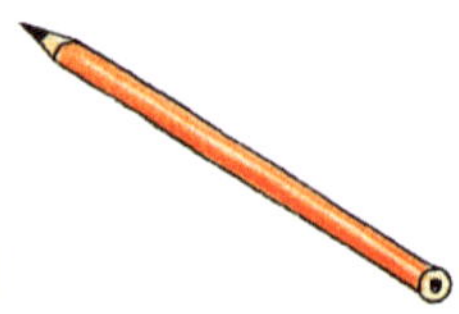

Ein Paket Butter wiegt 250 _____.

Eine Tüte Kartoffeln wiegt 2,5 _____.

Eine Kopflaus ist 3 _____ groß.

Eine Tür ist 2,10 _____ hoch.

Tim kann 21 _____ die Luft anhalten.

Ein Schulheft kostet 49 _____.

Paula kann 12 _____ weit tauchen.

Ein Flusspferd wiegt ungefähr 3 000 _____.

Eine Schulstunde dauert 45 _____.

Im Jahr 2009 schien die Sonne auf dem Darß (Ostseehalbinsel) 2 158 _____.

Die Entfernung von der Erde zum Mond beträgt ungefähr 384 400 _____.

Der Mount Everest, der höchste Berg der Erde, ist 8 848 _____ hoch.

1 Fips trainiert für das große Hunde-Fußball-Könner-Torwand-Schießen. In der ersten Woche übt er jeden Tag 20 Minuten, in der zweiten Woche jeden Tag 25 Minuten. Sonntags übt er nie.
Wie viele Minuten hat Fips insgesamt geübt?

Antwort: ____

2 Frida möchte im Urlaub das Tauchen ausprobieren. Eine Tauchstunde kostet 45 Euro. Sie nimmt 7 Stunden Unterricht. Außerdem leiht sich Frida noch einen Taucheranzug für 28 Euro pro Tauchstunde. Die Taucherbrille kauft sie für 12,50 €. Unter Wasser fängt Frida einen Fisch. Den darf sie behalten.
Wie viel Euro muss Frida insgesamt bezahlen?

Antwort: ____

3 Fredo schwingt von Baum zu Baum. Insgesamt hat er 30 Meter zurückgelegt. Beim ersten Schwung hat er halb so viel geschafft wie beim zweiten Schwung und beim dritten Schwung.
Wie viele Meter hat Fredo bei jedem Schwung geschafft?

Antwort: ____

____

Kannst du das? 1

1 Zahlwörter bis 2 000 lesen und schreiben

eintausendvierhundertsiebzig _______ **eintausend**einhundertzwölf _______

eintausenddreiundzwanzig _______ **eintausend**acht _______

2 Zahlen bis 2 000 unterschiedlich darstellen

a)

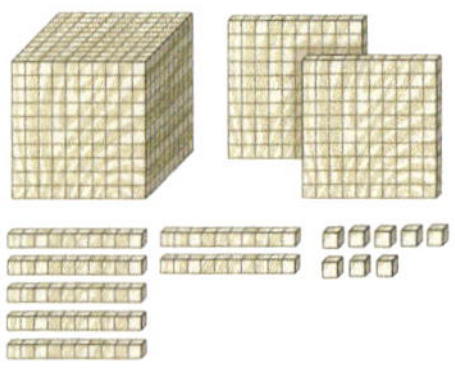

T	H	Z	E

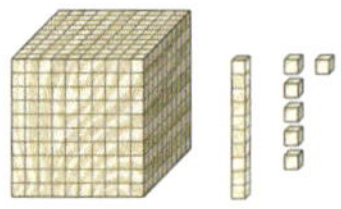

T	H	Z	E

T	H	Z	E

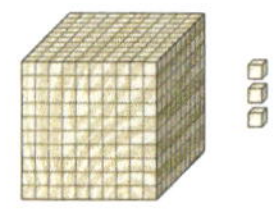

T	H	Z	E

b)

5 H 7 Z 1 E — _______

1 T 4 Z 6 H 8 E — _______

9 E 7 H 1 T — _______

1 T 9 Z 2 E — _______

3 Rechnen bis 2 000

a)
57 + 38 = _______
157 + 38 = _______
1 157 + 38 = _______

b)
85 – 49 = _______
185 – 49 = _______
1 185 – 49 = _______

c)
2 · 8 = _______
20 · 8 = _______
200 · 8 = _______

d)
14 : 7 = _______
140 : 7 = _______
1 400 : 7 = _______

4 Zahlenrätsel mithilfe einer Rechenkette lösen

Wenn ich von meiner Zahl 220 subtrahiere, das Ergebnis durch 5 dividiere, dann 110 addiere, erhalte ich 200. Meine Zahl heißt _________.

5 Schriftlich addieren und subtrahieren

a) 257 + 464 b) 756 + 97 c) 752 – 264 d) 902 – 75

6 Figuren spiegeln

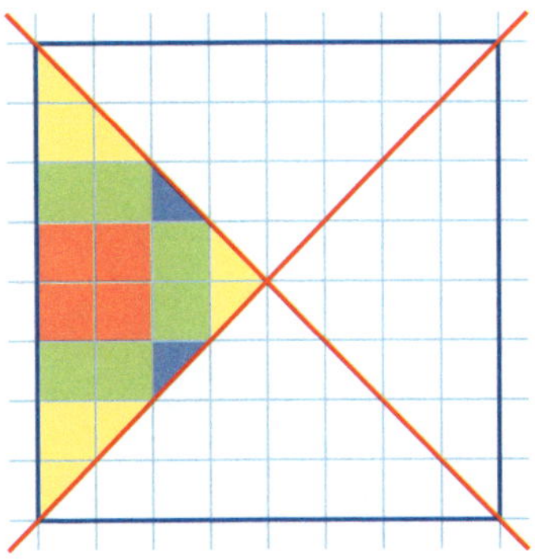

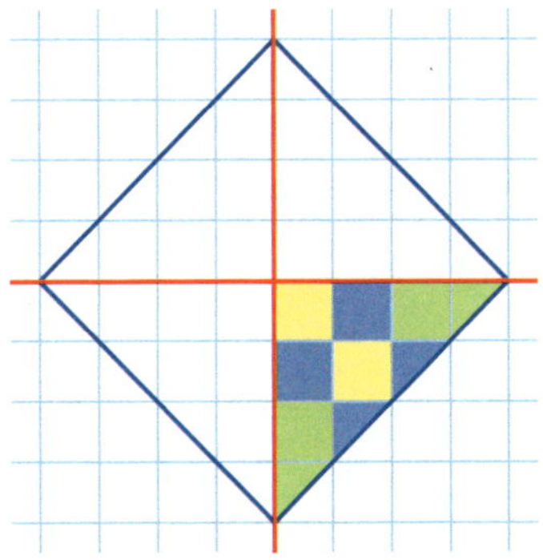

7 Halbschriftlich multiplizieren

3 · 214 = ___	147 · 6 = ___	248 · 4 = ___
___ · ___ = ___	___ · ___ = ___	___ · ___ = ___
___ · ___ = ___	___ · ___ = ___	___ · ___ = ___
___ · ___ = ___	___ · ___ = ___	___ · ___ = ___

8 Eine Rechengeschichte lösen

Fredo und Frida kaufen für Fips Geburtstagsgeschenke. Fredo kauft einen Ball für 7,25 Euro. Frida kauft einen Hundeknochen für 2,75 Euro. Beide wollen gleich viel ausgeben. Wie viel Geld bekommt Fredo von Frida?

Antwort: ______________________________

1 Rechne halbschriftlich.

48 : 3 = ____	90 : 6 = ____	96 : 8 = ____	56 : 4 = ____
30 : 3 = ____	60 : 6 = ____	80 : 8 = ____	____ : 4 = ____
18 : 3 = ____	____ : 6 = ____	____ : 8 = ____	____ : 4 = ____

2 Rechne halbschriftlich.

70 : 5 = ____	51 : 3 = ____	112 : 8 = ____	105 : 7 = ____
____ : 5 = ____	____ : 3 = ____	____ : 8 = ____	____ : 7 = ____
____ : 5 = ____	____ : 3 = ____	____ : 8 = ____	____ : 7 = ____

3 Rechne halbschriftlich.

980 : 7 = ____	424 : 4 = ____	540 : 5 = ____	972 : 9 = ____
700 : 7 = ____	400 : 4 = ____	____ : 5 = ____	____ : 9 = ____
____ : 7 = ____	____ : 4 = ____	____ : 5 = ____	____ : 9 = ____

4 Rechne halbschriftlich.

976 : 8 = ____	690 : 6 = ____	675 : 5 = ____	1 089 : 9 = ____
____ : 8 = ____	____ : 6 = ____	____ : 5 = ____	____ : 9 = ____
____ : 8 = ____	____ : 6 = ____	____ : 5 = ____	____ : 9 = ____
____ : 8 = ____	____ : 6 = ____	____ : 5 = ____	____ : 9 = ____

5 Notiere fünf Zahlen zwischen …

a) … 200 und 400, die bei der Division durch 5 den Rest 1 ergeben. ____ ____ ____ ____ ____

b) … 400 und 500, die bei der Division durch 4 den Rest 3 ergeben. ____ ____ ____ ____ ____

c) … 150 und 250, die bei der Division durch 8 den Rest 6 ergeben. ____ ____ ____ ____ ____

d) … 500 und 800, die bei der Division durch 7 den Rest 5 ergeben. ____ ____ ____ ____ ____

Der Millionen-Würfel

SB S. 28, 29

1 Trage die Zahlen in die Stellenwerttafel ein.

3 Hunderter-Platten
5 Zehner-Stangen
3 Einer-Würfel

3 Hunderttausender-Platten
5 Zehntausender-Stangen
3 Tausender-Würfel

M	HT	ZT	T	H	Z	E

7 Hunderter-Platten
4 Zehner-Stangen
1 Einer-Würfel

7 Hunderttausender-Platten
4 Zehntausender-Stangen
1 Tausender-Würfel

M	HT	ZT	T	H	Z	E

5 Hunderter-Platten
9 Zehner-Stangen
9 Einer-Würfel

5 Hunderttausender-Platten
9 Zehntausender-Stangen
9 Tausender-Würfel

M	HT	ZT	T	H	Z	E

3 Hunderter-Platten
7 Zehner-Stangen

3 Hunderttausender-Platten
7 Zehntausender-Stangen

M	HT	ZT	T	H	Z	E

5 Hunderter-Platten
6 Einer-Würfel

5 Hunderttausender-Platten
6 Tausender-Würfel

M	HT	ZT	T	H	Z	E

2 Übertrage in die Stellenwerttafel.

sechshundertdreiundfünfzig
sechshundertdreiundfünfzig**tausend**
vierhundertsechsundneunzig
vierhundertsechsundneunzig**tausend**
siebenhundertvierzig
siebenhundertvierzig**tausend**
fünfhundertfünf
fünfhundertfünf**tausend**

M	HT	ZT	T	H	Z	E

SB S. 30, 31

1 Trage in die Stellenwerttafel ein. Lies die Zahl.

9 HT 4 ZT 8 T 5 H 8 Z 9 E

3 ZT 7 T 8 H 2 Z 4 E

2 HT 5 ZT 1 T 4 H 0 Z 6 E

M	HT	ZT	T	H	Z	E

2 Trage in die Stellenwerttafel ein. Lies die Zahl.

3 T 7 H 3 ZT 9 HT 4 E

3 Z 6 HT 9 T 5 E

6 E 6 T 4 H 4 HT 8 Z

M	HT	ZT	T	H	Z	E

3 Lies die Zahlwörter.
Übertrage in die Stellenwerttafel.

vierhundertachtzehn**tausend** siebenhundertdrei

sechsundneunzig**tausend** fünfhundertzwanzig

achthundertsechs**tausend** sechshundertzwölf

dreihundertzwölf**tausend** zweiundvierzig

M	HT	ZT	T	H	Z	E

4 Wie heißen die Zahlen?

7 ZT + 12 T + 8 H = ______________________

18 HT + 6 ZT + 4 Z = ______________________

5 HT + 37 T + 24 H = ______________________

62 ZT + 9 T + 15 H = ______________________

____

5

M	HT	ZT	T	H	Z	E
	••	•	••••	•••	•••	•

a) Wie heißt die Zahl?

Notiere. ____________

b) Welche Zahlen kannst du erhalten, wenn du ein Plättchen dazulegst?

________, ________, ________, ________, ________, ________

c) Welche Zahlen kannst du erhalten, wenn du ein Plättchen wegnimmst?

________, ________, ________, ________, ________, ________

SB S. 32, 33

1 Ordne die Zahlen nach der Größe. Beginne mit der kleinsten Zahl.

a) 3 000 34 000 530 000 123 000 23 000 500

______, ______, ______, ______, ______, ______

b) 64 100 4 600 106 400 14 600 1 600 614 000

______, ______, ______, ______, ______, ______

2 Vergleiche: (<) oder (>)?

37 489	◯	37 849	23 523	◯	123 523	3 040	◯	3 404
898 456	◯	889 456	516 723	◯	561 723	12 027	◯	12 270
5 523	◯	15 523	64 152	◯	64 125	120 013	◯	102 013

3 Zerlege.

23455 = 20000 +

130204 =

30050 =

15203 =

4 Wie heißen die Zahlen? Notiere. Achte auf die Nullen!

______ = 200 000 + 70 000 + 5 000 + 600 + 20 + 5

______ = 600 000 + 200 + 4

______ = 8 000 + 20

______ = 90 000 + 30 + 5

5 Zahlenrätsel

Meine Zahl hat dreimal so viele Hunderter wie Einer und halb so viele Zehner wie Einer. Die Zahl hat gleich viele Tausender, Zehntausender und Hunderttausender. Ich brauche 15 Plättchen, um die Zahl zu legen.

Die Zahl heißt ______.

1 Markiere die Stelle, die sich im Ergebnis ändern wird. Rechne.

a) 400 000 + 4 = ________
400 000 + 40 = ________
400 000 + 400 = ________
400 000 + 4 000 = ________
400 000 + 40 000 = ________

b) 666 666 – 6 = ________
666 666 – 60 = ________
666 666 – 600 = ________
666 666 – 6 000 = ________
666 666 – 60 000 = ________

2 Markiere die Stelle, die sich im Ergebnis ändern wird. Rechne.

a) 234 300 + 4 = ________
234 300 + 400 = ________
234 300 + 4 000 = ________
234 300 + 40 000 = ________

b) 473 640 + 30 = ________
473 640 + 300 = ________
473 640 + 3 000 = ________
473 640 + 300 000 = ________

c) 687 999 – 6 = ________
687 999 – 600 = ________
687 999 – 60 000 = ________
687 999 – 600 000 = ________

d) 599 860 – 50 = ________
599 860 – 500 = ________
599 860 – 5 000 = ________
599 860 – 500 000 = ________

3 Markiere, welche Stelle sich im Ergebnis geändert hat. Ergänze.

a) 251 400 + ________ = 251 800
251 400 + ________ = 255 400
251 400 + ________ = 291 400
251 400 + ________ = 651 400

b) 123 456 + ________ = 123 466
123 456 + ________ = 123 756
123 456 + ________ = 143 456
123 456 + ________ = 129 456

c) 576 897 – ________ = 576 597
576 897 – ________ = 572 897
576 897 – ________ = 276 897
576 897 – ________ = 576 807

d) 987 654 – ________ = 987 650
987 654 – ________ = 987 054
987 654 – ________ = 980 654
987 654 – ________ = 927 654

4 Schreibe jeweils zwei passende Aufgaben: Addiere zu 568 345 eine Zahl.

a) Es soll sich nur die Zehntausender-Stelle ändern.

568 345 + ________ = ________ ________ + ________ = ________

b) Es sollen sich die Tausender-Stelle und die Zehntausender-Stelle ändern.

568 345 + ________ = ________ ________ + ________ = ________

Rechnen bis zur Million 3

1 a) 430 000 + 7 = ________
430 000 + 7 000 = ________
430 000 + 700 = ________
430 000 + 70 000 = ________

b) 899 999 – 80 000 = ________
899 999 – 80 = ________
899 999 – 8 000 = ________
899 999 – 800 = ________

2 Ergänze.

a) 26 000 + ________ = 30 000
30 000 + ________ = 100 000

b) 185 000 + ________ = 190 000
190 000 + ________ = 200 000

c) 270 000 + ________ = 300 000
300 000 + ________ = 500 000

d) 189 000 + ________ = 200 000
200 000 + ________ = 500 000

3 Rechenhäuser: Ergänze.

100 000	
34 000	
13 000	
23 000	
75 000	

200 000	
170 000	
165 000	
145 000	
117 000	

500 000	
340 000	
287 000	
156 000	
409 000	

25 000, 30 000, 35 000, 55 000, 66 000, 77 000, 83 000, 87 000, 91 000, 101 000, 160 000, 213 000, 344 000

4 a) 346 700 + 900 = ________
346 700 + 990 = ________
346 700 + 999 = ________

b) 144 600 + 700 = ________
144 600 + 770 = ________
144 600 + 777 = ________

c) 234 200 – 500 = ________
234 200 – 550 = ________
234 200 – 555 = ________

d) 967 400 – 800 = ________
967 400 – 880 = ________
967 400 – 888 = ________

5 Zahlenrätsel

Von welcher Zahl musst du 444 subtrahieren, um 734 856 zu erhalten?

____

Zu welcher Zahl musst du 777 addieren, um 603 277 zu erhalten?

____

Rechnen bis zur Million 3

SB S. 37

1 Rechne.

7 + 8 = ____	24 + 9 = ____	53 – 6 = ____
407 + 8 = ____	824 + 9 = ____	553 – 6 = ____
2 407 + 8 = ____	3 824 + 9 = ____	1 553 – 6 = ____

2 Rechne.

a)	b)
473 + 60 = ____	233 – 80 = ____
2 473 + 60 = ____	2 233 – 80 = ____
72 473 + 60 = ____	32 233 – 80 = ____
372 473 + 60 = ____	532 233 – 80 = ____

3 Ergänze.

a)	b)
576 + ____ = 600	314 + ____ = 400
7 576 + ____ = 7 600	5 314 + ____ = 5 400
27 576 + ____ = 27 600	65 314 + ____ = 65 400

c)	d)
489 + ____ = 600	748 + ____ = 870
2 489 + ____ = 2 600	9 748 + ____ = 9 870
32 489 + ____ = 32 600	19 748 + ____ = 19 870

4 Rechne.

783 + 17 = ____	700 – 25 = ____	900 – 48 = ____
2 783 + 17 = ____	4 700 – 25 = ____	1 900 – 48 = ____
92 783 + 17 = ____	34 700 – 25 = ____	51 900 – 48 = ____

5 Bilde mit diesen Ziffernkarten sechsstellige Zahlen und subtrahiere sie von 1 000 000.
Das Ergebnis soll zwischen 300 000 und 400 000 liegen.

1	4	5	6	7	9

Große Zahlen am Zahlenstrahl

1 Verbinde.

81 450 | 81 690 | 81 880 | 82 040 | 82 160

2 Notiere die Nachbarzahlen.

______ 62 134 ______ ______ 58 999 ______

______ 85 009 ______ ______ 27 700 ______

3 Notiere die Nachbartausender.
Kreise die Tausenderzahl ein, die näher an der Zahl liegt.

______ 128 316 ______ ______ 300 800 ______

______ 267 712 ______ ______ 899 101 ______

______ 475 340 ______ ______ 987 092 ______

4 Wie heißt die Zahl in der Mitte? Trage ein.

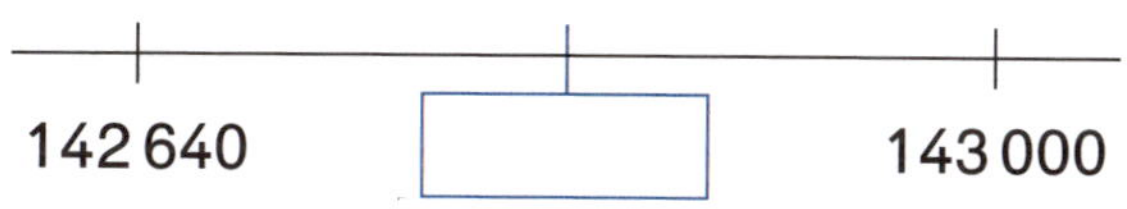

5 Welche Zahl könnte es sein? Trage ein.

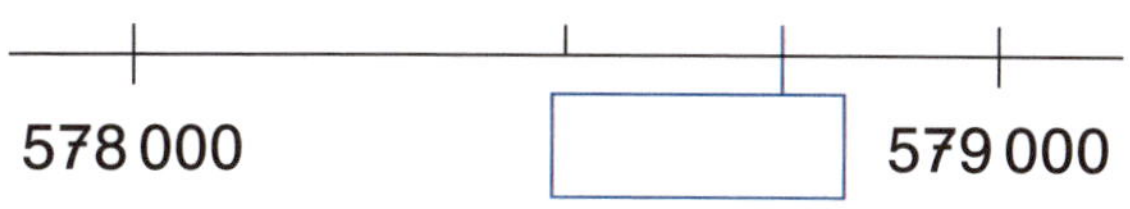

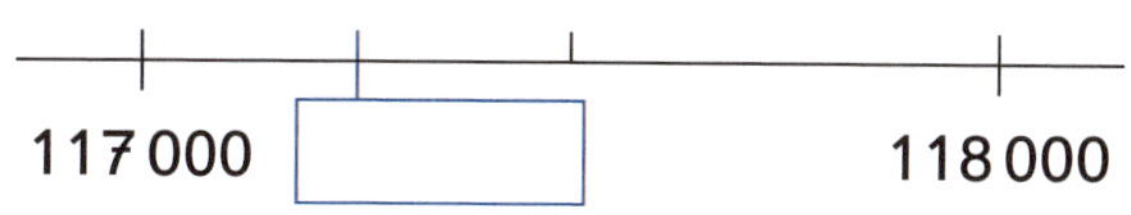

6 In Tausendersprüngen vorwärts: Notiere die nächsten fünf Zahlen.

248 000: ______, ______, ______, ______, ______

797 000: ______, ______, ______, ______, ______

7 In Sechshundertersprüngen rückwärts: Notiere die nächsten fünf Zahlen.

897 300: ______, ______, ______, ______, ______

901 100: ______, ______, ______, ______, ______

Schülerzahlen Grundschule im Schuljahr 2014/2015

Baden-Württemberg (BW):	333 668
Bayern (BY):	420 117
Hessen (HE):	206 987
Niedersachsen (NI):	282 988
Nordrhein-Westfalen (NW):	625 223
Rheinland-Pfalz (RP):	133 707
Saarland (SL):	29 912
Sachsen (SN):	129 004
Sachsen-Anhalt (ST):	67 667
Schleswig-Holstein (SH):	99 747
Thüringen (TH):	64 576

1 Wähle fünf Bundesländer aus. Runde die Schülerzahlen auf Zehntausender und zeichne jeweils ein Schaubild.

Bundesland	Schülerzahl gerundet	Schaubild
	≈	
	≈	
	≈	
	≈	
	≈	

 bedeutet ____________    bedeutet ____________

2 Runde die Schülerzahlen auf Tausender.

BW: ≈ ____________ BY: ≈ ____________ HE: ≈ ____________

NI: ≈ ____________ NW: ≈ ____________ RP: ≈ ____________

SN: ≈ ____________ ST: ≈ ____________ TH: ≈ ____________

SB S. 44, 45

1 Multipliziere.

4 · 9 = ______	2 · 8 = ______	7 · 5 = ______
4 · 90 = ______	2 · 80 = ______	7 · 50 = ______
4 · 900 = ______	2 · 800 = ______	7 · 500 = ______
4 · 9 000 = ______	2 · 8 000 = ______	7 · 5 000 = ______
4 · 90 000 = ______	2 · 80 000 = ______	7 · 50 000 = ______

2 Rechne.

3 · ______ = 18	9 · ______ = 54	8 · ______ = 640
3 · ______ = 180	9 · ______ = 540	8 · ______ = 6 400
3 · ______ = 1 800	9 · ______ = 5 400	8 · ______ = 64 000
3 · ______ = 18 000	9 · ______ = 54 000	8 · ______ = 640 000

3 Dividiere.

48 : 6 = ______	56 : 8 = ______	30 : 5 = ______
480 : 6 = ______	560 : 8 = ______	300 : 5 = ______
4 800 : 6 = ______	5 600 : 8 = ______	3 000 : 5 = ______
48 000 : 6 = ______	56 000 : 8 = ______	30 000 : 5 = ______

4 Rechne.

4 · 7 000 = ______	720 000 : 80 000 = ______
90 · 400 = ______	4 200 : 70 = ______
600 · 300 = ______	28 000 : 4 = ______
9 000 · 30 = ______	320 000 : 800 = ______
500 · 600 = ______	420 000 : 7 000 = ______
90 · 2 000 = ______	40 000 : 500 = ______

9, 60, 60, 80, 400, 7 000, 8 000, 28 000, 36 000, 180 000, 180 000, 270 000, 300 000

5 Durch welche Zahlen kannst du 36 000 ohne Rest teilen?
Notiere möglichst viele Divisionsaufgaben.

Kannst du das? 2

1 Zahlen in die Stellenwerttafel eintragen

fünfhunderteinundachtzig

fünfhunderteinundachtzig**tausend**

neunhundertelf

neunhundertelf**tausend**

dreihundertzwei

dreihundertzwei**tausend**

M	HT	ZT	T	H	Z	E

2 Zahlwörter lesen und als Zahl schreiben

zweihundertfünfundvierzig**tausend** einhundertzehn __________

sechshundertneunzig**tausend** siebenhundertachtunddreißig __________

fünfhundertfünf**tausend** achthundertsiebzig __________

3 Zahlen der Größe nach ordnen

560 360 56 468 650 630 65 846 560 630 65 468

____

4 Zahlen vergleichen

382 456 ○ 382 465 124 689 ○ 142 689 331 576 ○ 313 675

954 663 ○ 945 666 966 724 ○ 696 729 414 421 ○ 414 412

5 Zahlen zerlegen

a) 3 2 7 4 0 6 = 3 0 0 0 0 0 +

b) 2 0 9 9 1 2 =

c) 7 5 3 0 8 5 =

6 Zahlen zusammensetzen

a) 700 000 + 60 000 + 4 000 + 300 + 80 + 1 __________

b) 200 000 + 8 000 + 500 + 6 __________

c) 300 000 + 90 000 + 70 + 4 __________

7 Im Zahlenraum bis zur Million rechnen

a) 562 750 + 40 = ____
562 750 + 4 000 = ____
562 750 + 400 000 = ____

b) 389 780 – 60 = ____
389 780 – 600 = ____
389 780 – 60 000 = ____

c) 435 600 + 700 = ____
435 600 + 770 = ____
435 600 + 777 = ____

d) 613 400 – 900 = ____
613 400 – 990 = ____
613 400 – 999 = ____

8 Zahlen am Zahlenstrahl ablesen

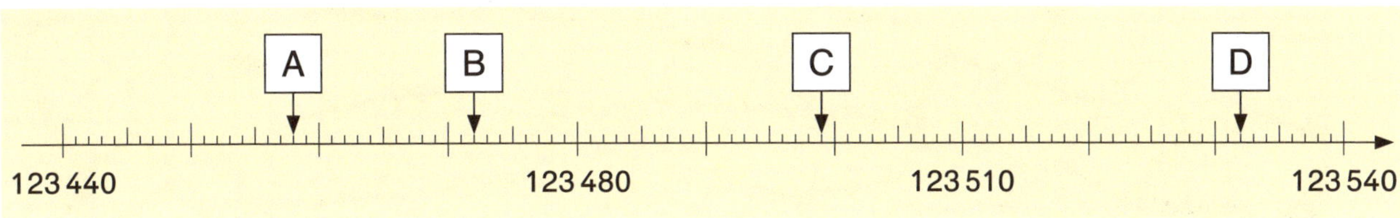

A: ____ B: ____ C: ____ D: ____

9 a) Nachbarzahlen bestimmen

____ 65 234 ____
____ 126 199 ____
____ 248 780 ____

b) Nachbartausender bestimmen

____ 68 568 ____
____ 490 199 ____
____ 700 900 ____

10 Runden auf …

a) Tausender

466 520 ≈ ____
281 099 ≈ ____
718 506 ≈ ____

b) Zehntausender

348 312 ≈ ____
673 054 ≈ ____
855 199 ≈ ____

c) Hunderttausender

251 782 ≈ ____
544 322 ≈ ____
398 104 ≈ ____

11 Im Kopf multiplizieren und dividieren

a) 6 · 70 = ____
60 · 70 = ____
600 · 70 = ____

b) 180 : 3 = ____
1 800 : 3 = ____
18 000 : 3 = ____

c) 90 · 400 = ____
90 · 4 000 = ____
900 · 40 = ____

d) 140 : 2 = ____
14 000 : 20 = ____
14 000 : 200 = ____

Große Anzahlen schätzen

1 Ermittle die ungefähre Anzahl der Steine.

2 Ermittle die ungefähre Anzahl der Perlen. Wie gehst du vor?

3 Ermittle die ungefähre Anzahl der Bienen. Wie gehst du vor?

4 Ermittle die ungefähre Anzahl der Steine. Wie gehst du vor?

Flächeninhalt und Umfang 1

SB S. 48, 49

1 a) Wie groß sind die Flächen? Gib die Größe in Zentimeterquadraten an.

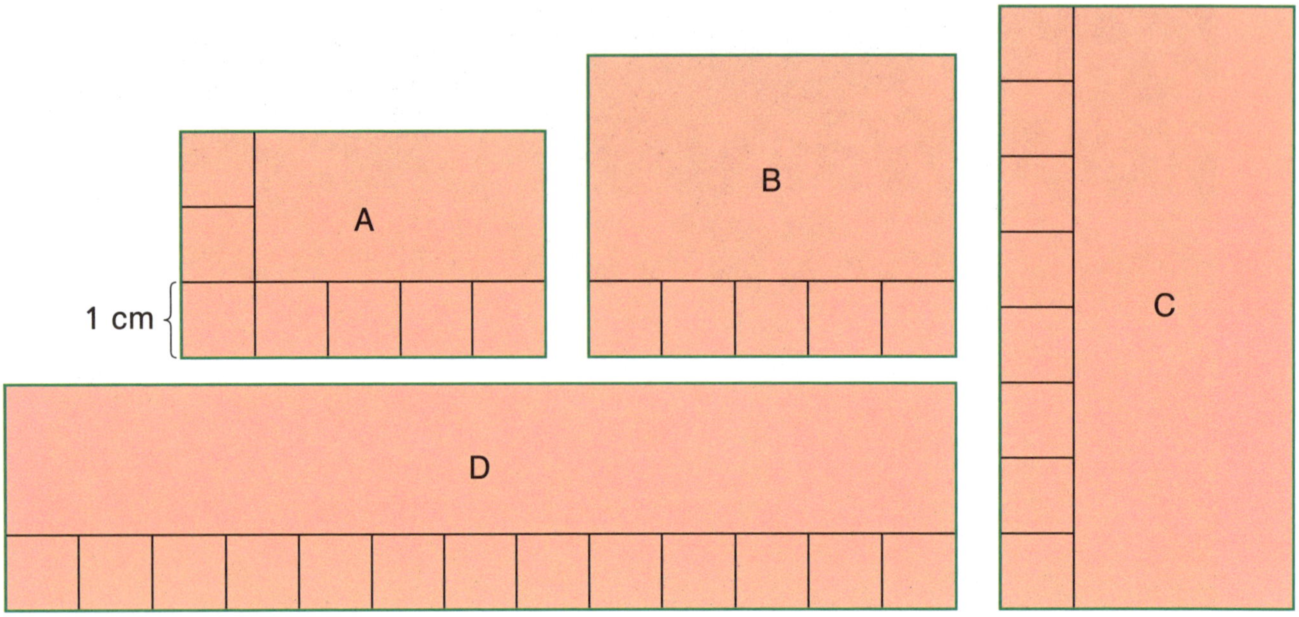

A: _______ Zentimeterquadrate B: _______ Zentimeterquadrate

C: _______ Zentimeterquadrate D: _______ Zentimeterquadrate

b) Bestimme den Umfang der Rechtecke.

A: _______ cm B: _______ cm

C: _______ cm D: _______ cm

2 Zeichne ein Rechteck, das den gleichen Flächeninhalt hat wie die blaue Figur.

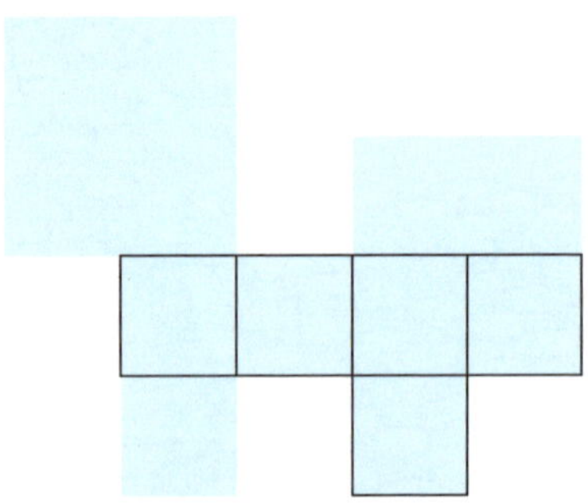

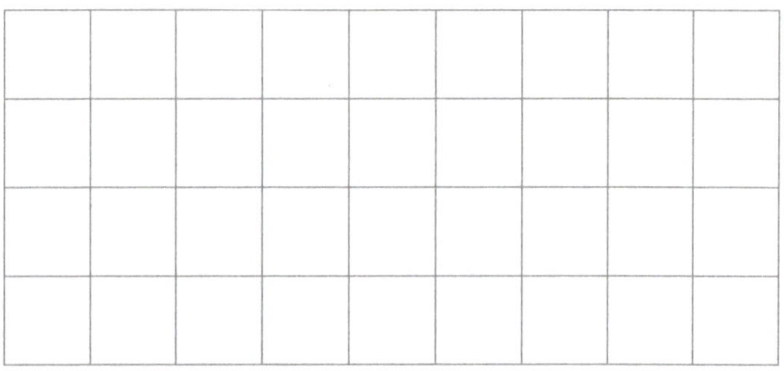

3 Zeichne ein Rechteck, das den gleichen Umfang hat wie die grüne Figur.

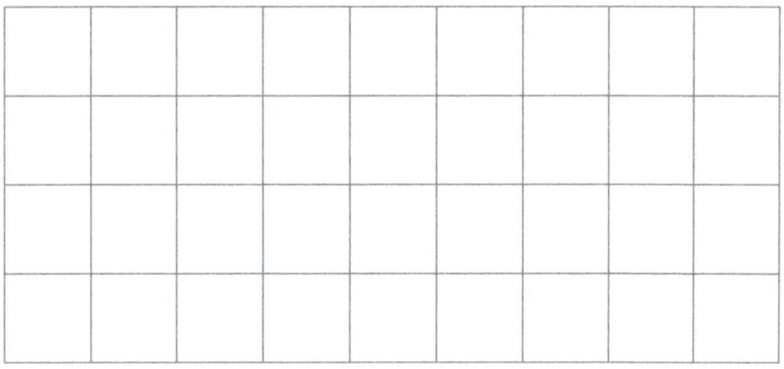

Flächeninhalt und Umfang 2

1 a) Robins Schildkröte soll ein Gehege im Garten bekommen.
Es soll zehn Meterquadrate groß werden.
Zeichne vier verschiedene Möglichkeiten auf.
Ein Kästchen soll einem Meterquadrat entsprechen.

b) Damit die Schildkröte nicht weglaufen kann, bekommt das Gehege einen Zaun. Wie viele Meter Zaun werden für die einzelnen Formen benötigt?
Bei welchem Gehege wird am meisten Zaun benötigt? Unterstreiche grün.
Bei welchem Gehege wird am wenigsten Zaun benötigt? Unterstreiche rot.

Gehege 1: ______ m

Gehege 2: ______ m

Gehege 3: ______ m

Gehege 4: ______ m

2 Jettes Meerschweinchen sollen ein Gehege im Garten bekommen.
Ihr Vater hat 12 m Zaun.
Wie muss das Gehege aussehen, damit die Meerschweinchen den größtmöglichen Auslauf haben?
Probiere.

Zeichnen mit dem Geodreieck

SB S. 52, 53

1 Die Zeichnung ist unvollständig. Sie besteht aus vier verschieden großen Quadraten, die ineinanderliegen. Vervollständige die Quadrate und male farbig aus.

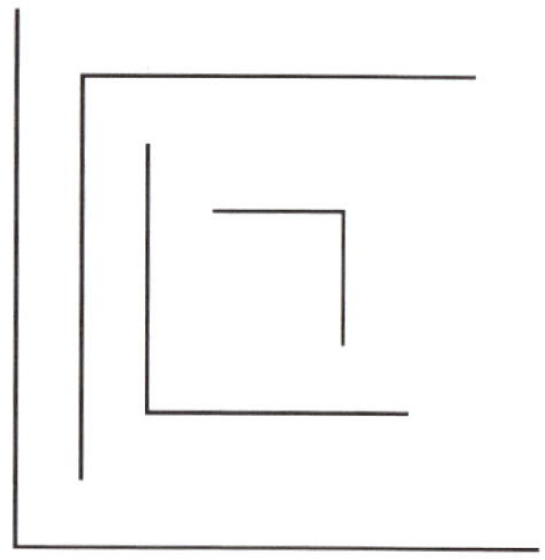

2 Zeichne die Schwellen zwischen den Bahngleisen ein. Achte auf die Abstände.

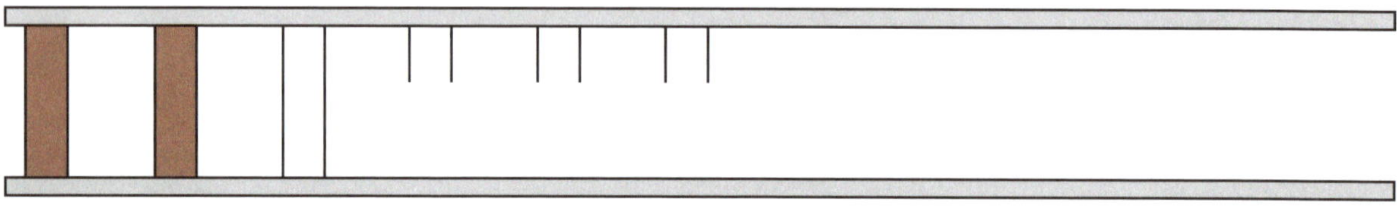

3 Vervollständige die Quadrate.

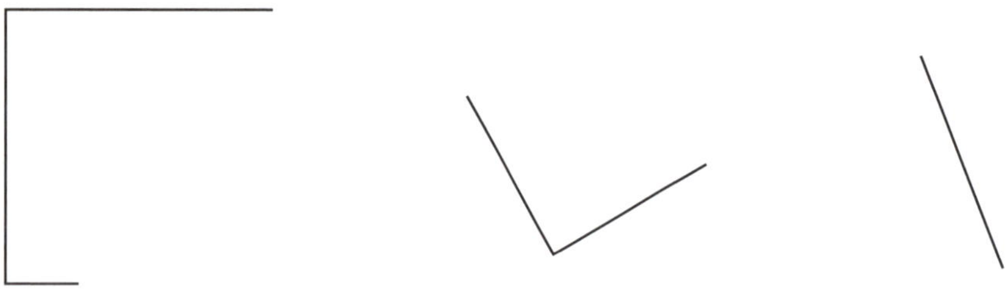

4 Vervollständige die Rechtecke.

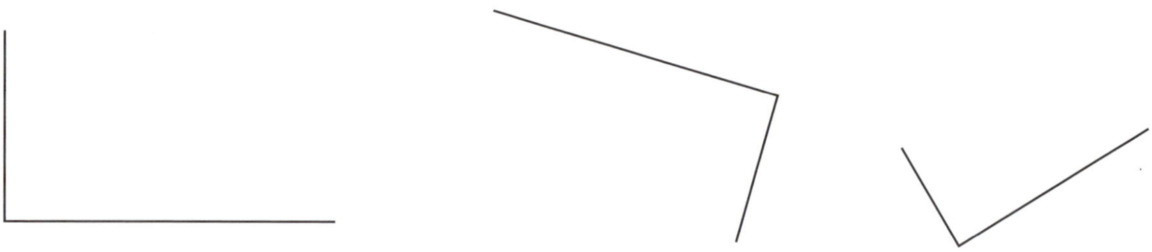

5 Setze das Muster fort und male es farbig aus.

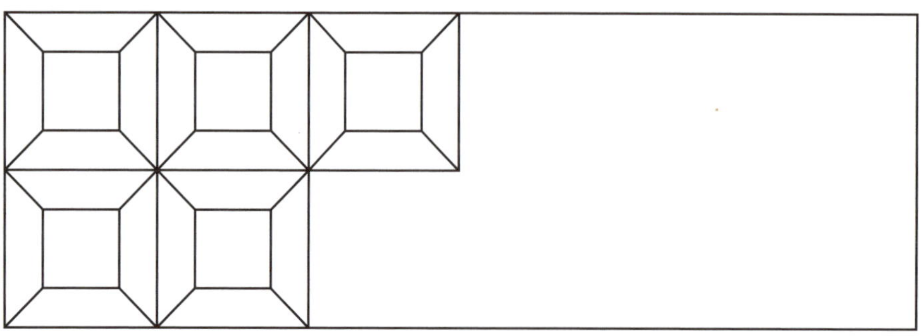

Mit dem Zirkel zeichnen

SB S. 54, 55

1 Zeichne in jeden Kreis einen Radius und miss seine Länge.

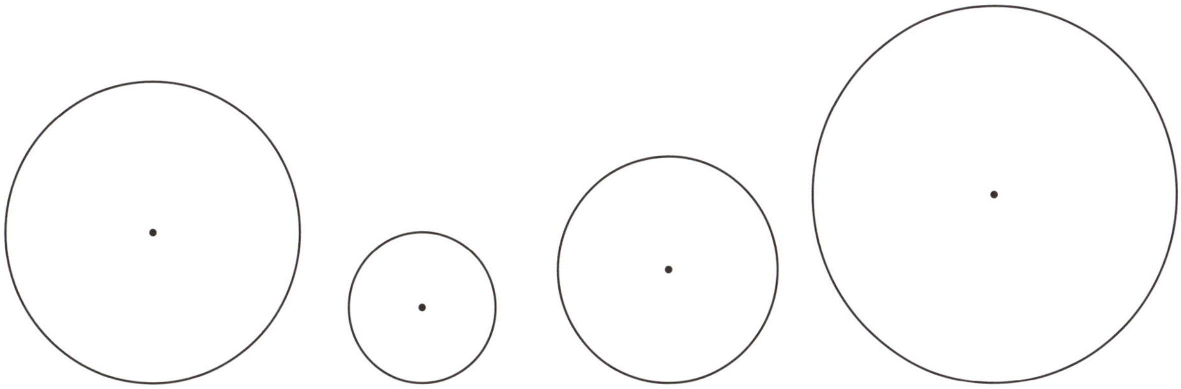

r = _____ cm   r = _____ cm   r = _____ cm   r = _____ cm

2 Zeichne das Muster weiter. Du kannst es auch farbig ausmalen.

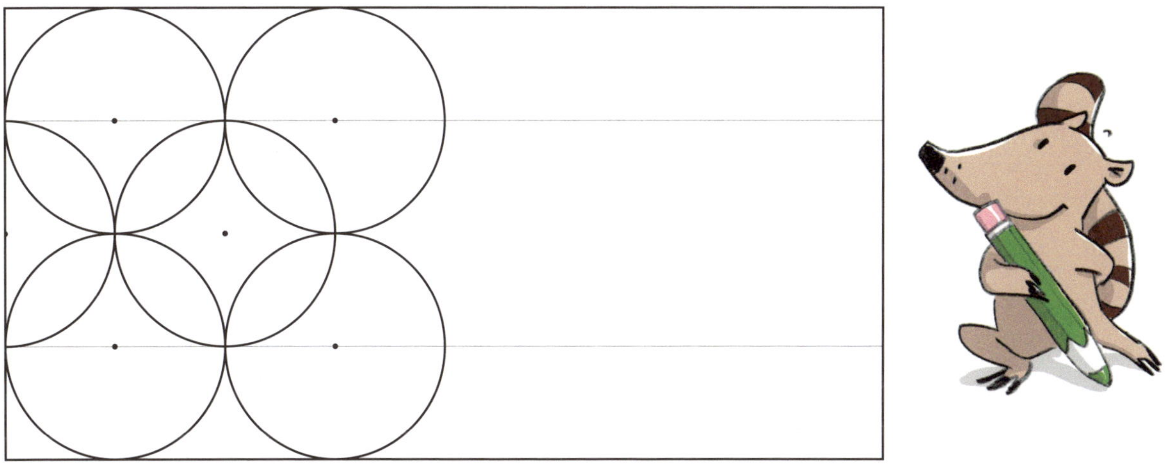

3 Zeichne die Muster mit Zirkel und Geodreieck vergrößert nach.
Die Radien sollen doppelt so groß sein.

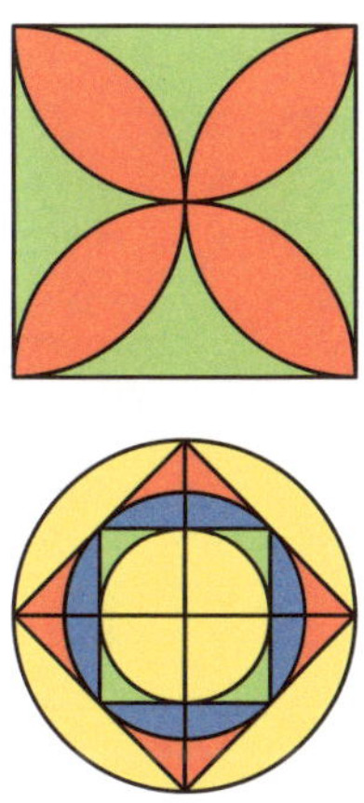

Parkettierungen

SB S. 56, 57

1 Zeichne die begonnene Parkettierung in alle Richtungen weiter.

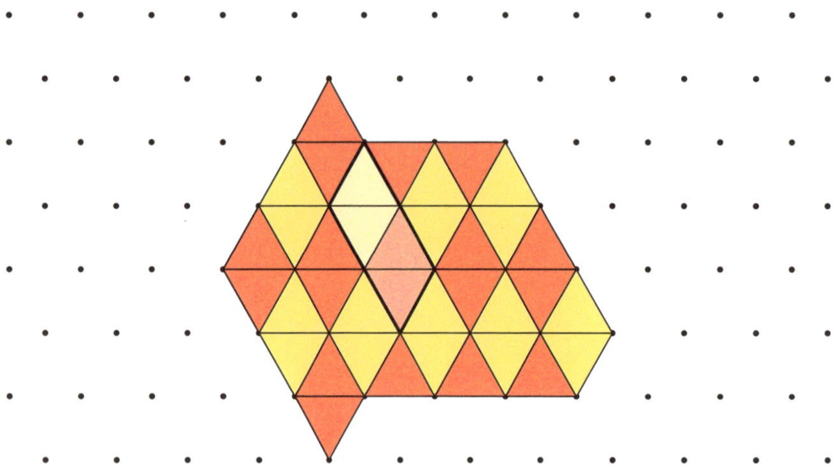

2 Zeichne die begonnenen Parkettierungen in alle Richtungen weiter.

a)

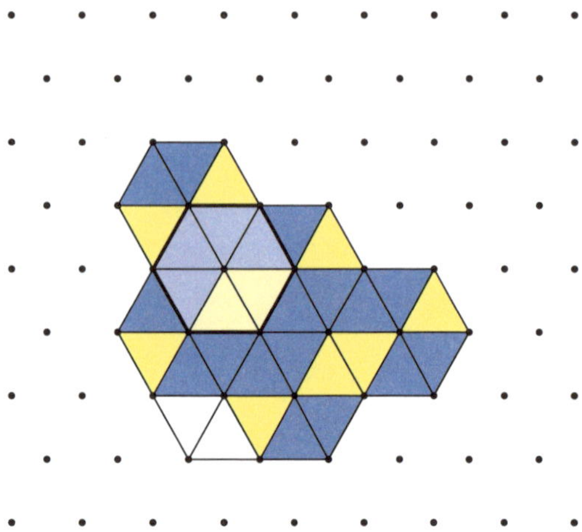

b)

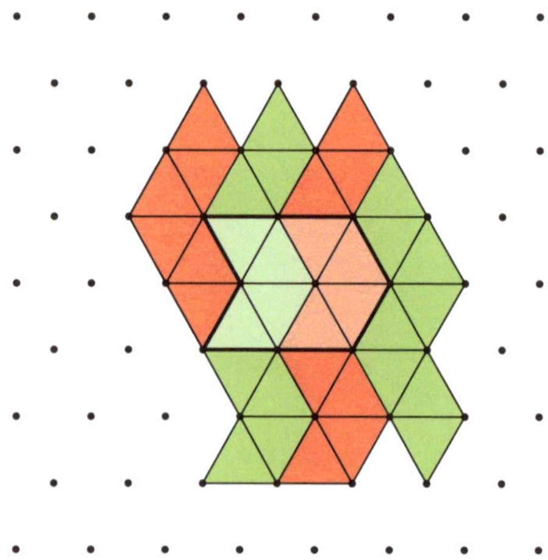

3 Spiegle die Figur an allen Seiten und zeichne eine Parkettierung.

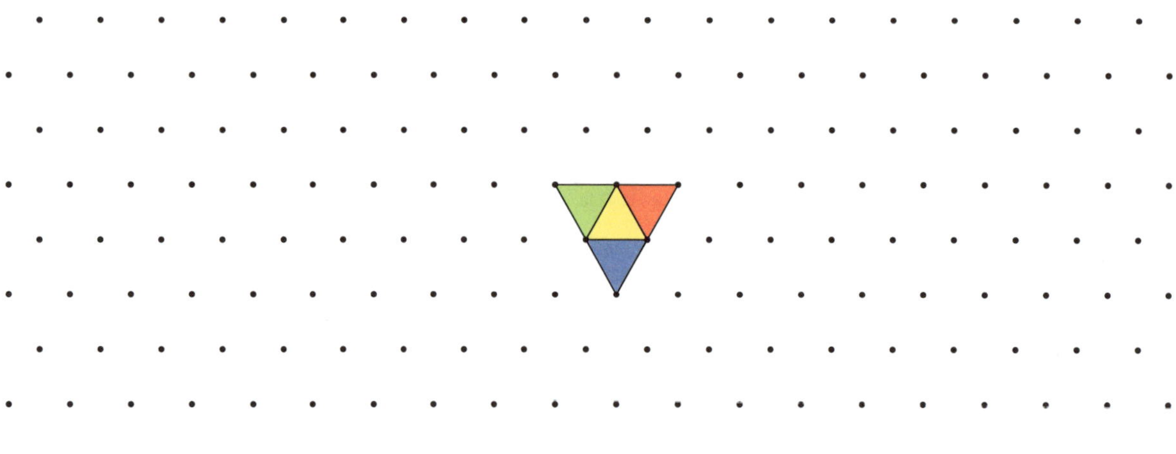

1 Subtrahiere schriftlich. Vergiss das Wechseln nicht.

4618	5342	12879	342056
− 3273	− 1238	− 9452	− 339041

1345, 3015, 3427, 4015, 4104

2 Interessante Ergebnisse: Subtrahiere.

4215	32750	567301	562237
− 992	− 6488	− 358092	− 148096

3 Wähle passende Zahlen. 3547 4912 1235 2316 2456

a) Die Differenz soll zwischen 1000 und 2000 liegen.

b) Die Differenz soll größer als 2000 und eine ungerade Zahl sein.

4 Bilde mit den Ziffernkarten zwei vierstellige Zahlen und subtrahiere sie.

Finde das größtmögliche Ergebnis. 0 1 2 3 4 5 6 7 8 9

Kannst du das? 3

1 Eine große Anzahl schätzen

Robin hat auf seinem Teelöffel 104 Buchstabennudeln gezählt.
In eine Packung passen 80 Teelöffel Buchstabennudeln.
Wie viele Buchstabennudeln sind ungefähr in der Packung?

Antwort: ______________________________

2 Den Flächeninhalt und den Umfang bestimmen

A

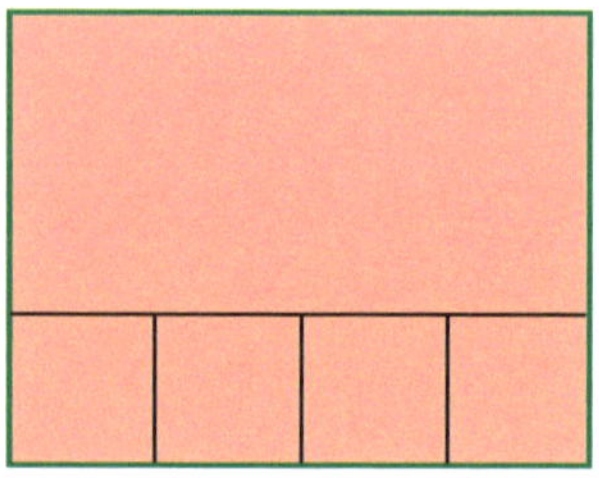

Flächeninhalt: ____ Zentimeterquadrate

Umfang: ____ cm

B

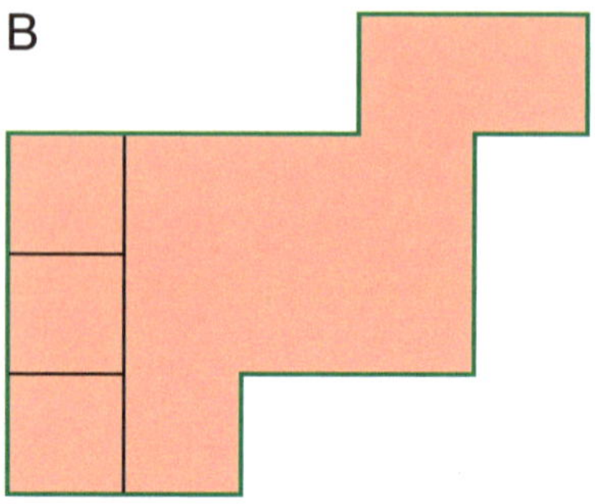

Flächeninhalt: ____ Zentimeterquadrate

Umfang: ____ cm

3 Zu einem Flächeninhalt verschiedene Figuren finden

Kims Mutter möchte ein Gemüsebeet im Garten anlegen.
Es soll acht Meterquadrate groß werden. Zeichne vier Möglichkeiten.
Ein Kästchen soll einem Meterquadrat entsprechen.

4 Muster mit dem Geodreieck fortsetzen

5 Muster mit dem Zirkel fortsetzen

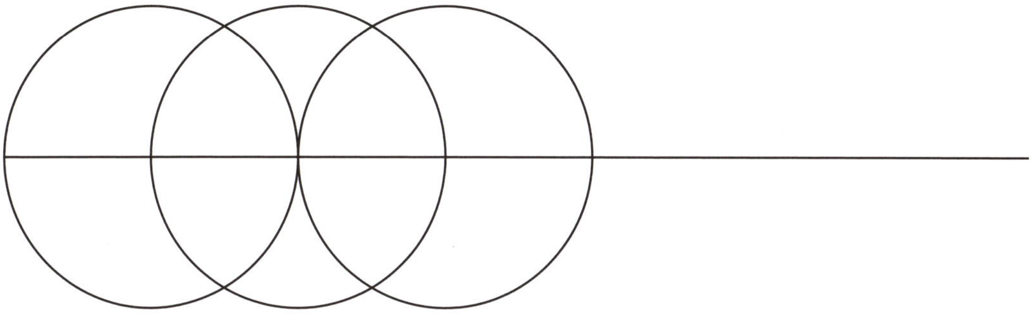

6 Eine Parkettierung fortsetzen

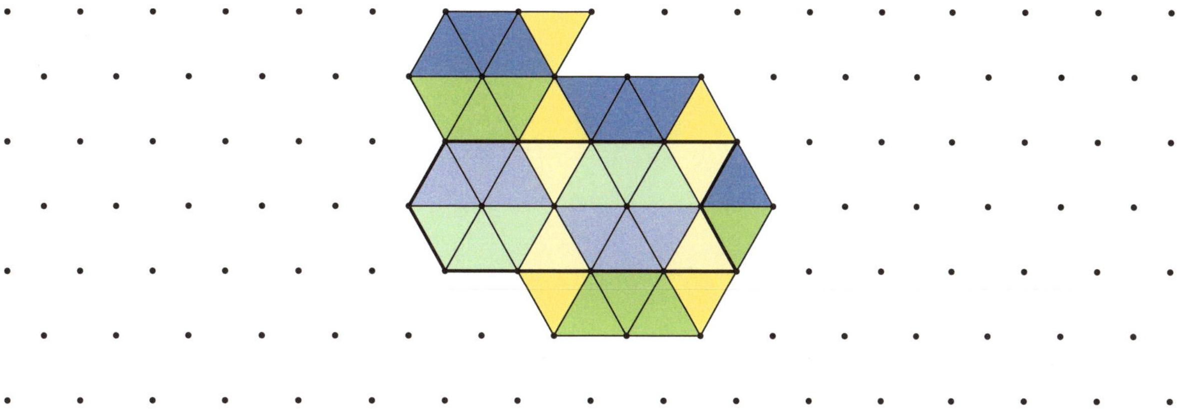

7 Schriftlich subtrahieren

6126	41830	653201	731249
− 874	− 5267	− 319083	− 346075

9054	72001	457095	842600
− 378	− 38246	− 228642	− 17421

Brötchen
Stück 0,13 €

Brezel
Stück 0,35 €

Roggenbrot
Stück 2,70 €

Butter
250 g = 0,95 €

Frischkäse
1,45 €

Marmelade
2,19 €

Vollmilch
1 l = 1,29 €
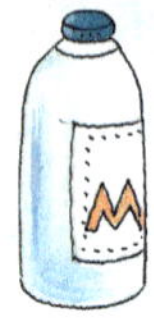

Äpfel
1 kg = 2,79 €

Karotten
1 kg = 1,29 €

Wurst
100 g = 1,45 €

Käse
250 g = 1,29 €

Ketchup
400 ml = 1,89 €

Würstchen
1 Paar = 1,59 €

1 Die Klasse 4a möchte gemeinsam frühstücken. Die Kinder haben einen Einkaufszettel geschrieben. In der Klassenkasse sind 60 Euro. Reicht das Geld? Überschlage.

1 Brot
10 Brezeln
20 Brötchen
500 g Butter
3 kg Karotten
4 kg Äpfel
500 g Wurst
500 g Käse
2-mal Frischkäse
2 Gläser Marmelade
8 l Milch

Antwort: ______________________________

2 Die Klasse 4b möchte 60 Euro für das Tierheim spenden. Dafür planen die Kinder einen Würstchenverkauf. Ein Würstchen mit Brötchen und Ketchup soll 1,60 Euro kosten. Von den Einnahmen müssen auch die Zutaten bezahlt werden. Reicht es, wenn die Klasse 100 Würstchen mit Brötchen verkauft? Rechne und erkläre.

Antwort: ______________________________

Ergebnisse prüfen

SB S. 61

1 Finde mit dem Überschlag heraus, welches Ergebnis nicht stimmen kann. Rechne diese Aufgabe richtig aus.

778 + 105 = 883

552 + 398 = 850

597 + 209 = 806

2 Finde mit dem Überschlag heraus, welche Ergebnisse nicht stimmen können. Rechne diese Aufgaben richtig aus.

3 154 + 598 = 3 752

6 596 + 119 = 6 615

4 965 + 409 = 5 574

7 203 – 505 = 6 698

8 490 – 897 = 7 593

5 398 – 619 = 4 479

3 Überschlage und male in der passenden Farbe an.

Ergebnis zwischen 5 000 und 6 000

Ergebnis zwischen 6 000 und 7 000

8 076 – 1 465 | 9 265 – 3 554 | 2 156 + 4 521

2 235 + 4 138 | 1 451 + 4 230

5 114 + 985 | 8 134 – 2 456 | 7 876 – 2 665

4 Finde mit dem Überschlag heraus, welche Ergebnisse nicht stimmen können. Rechne diese Aufgaben richtig aus.

37 109 – 29 898 = 17 211
95 214 – 25 750 = 69 464
58 699 – 33 209 = 24 490

Zeitspannen berechnen

1 Wie viele Minuten sind vergangen?

a) 13.41 Uhr ⟶ 13.43 Uhr b) 14.31 Uhr ⟶ 14.51 Uhr

c) 15.13 Uhr ⟶ 16.00 Uhr d) 15.49 Uhr ⟶ 16.00 Uhr

2 Berechne die Zeitspannen zwischen Mondaufgang (MA) und Monduntergang (MU).

a) MA 13.41 Uhr
MU 22.43 Uhr
13.41 ______ ___ h ___ min

b) MA 14.31 Uhr
MU 23.51 Uhr
______ ___ h ___ min

c) MA 15.13 Uhr
MU 1.04 Uhr
______ ___ h ___ min

d) MA 15.49 Uhr
MU 2.18 Uhr
______ ___ h ___ min

3 Berechne, was fehlt.

Mondaufgang	Zeitspanne	Monduntergang
4.06 Uhr	12 h 27 min ⟶	______ Uhr
14.56 Uhr	8 h 14 min ⟶	______ Uhr
______ Uhr	14 h 37 min ⟶	19.40 Uhr
______ Uhr	15 h 48 min ⟶	19.11 Uhr

Platz für Nebenrechnungen:

4 Am 12. April schien der Mond 13 Stunden und 52 Minuten. Um 20.47 Uhr ging der Mond unter. Um wie viel Uhr ist der Mond an diesem Tag aufgegangen?

Antwort: ______________________________

Entfernungen

1 a) Wandle um in Meter.

	km			m			
17,258 km		1	7	2	5	8	______ m
21,4 km							______ m
400,004 km							______ m
12 km 5 m							______ m
3 km 30 m							______ m

b) Wandle um in Kilometer.

	km			m			
9 650 m			9	6	5	0	______ km
909 m							______ km
0 km 85 m							______ km
125 km 6 m							______ km
6 km 60 m							______ km

2 Noemi fährt gerne Rad.
Am Montag legte sie folgende Strecken zurück:

- ▶ zur Schule und wieder zurück: jeweils 950 m
- ▶ zum Sportplatz und wieder zurück: jeweils 1 km 75 m
- ▶ zum Einkaufen und wieder zurück: jeweils 3,680 km

Wie viele Kilometer legte Noemi am Montag zurück?

Antwort: ______________________________

3 Simon unternahm in den Ferien mit seinem Onkel eine Radtour.
Sie fuhren am 1. Tag 25,5 km, am 2. Tag 13,3 km weiter als am 1. Tag und am 3. Tag halb so weit wie am 1. und 2. Tag zusammen.
Wie viele Kilometer legte Simon mit seinem Onkel zurück?

Antwort: ______________________________

Lösungshilfe: Skizzen

SB S. 66, 67

1 In der Mitte einer breiten Straße stehen in gleichen Abständen Laternen. Von der ersten bis zur fünften Laterne sind es 200 m. Wie weit ist es von der ersten bis zur zehnten Laterne?

a) Kontrolliere die Lösungen der Kinder. Kreuze die richtigen Lösungen an.

☐

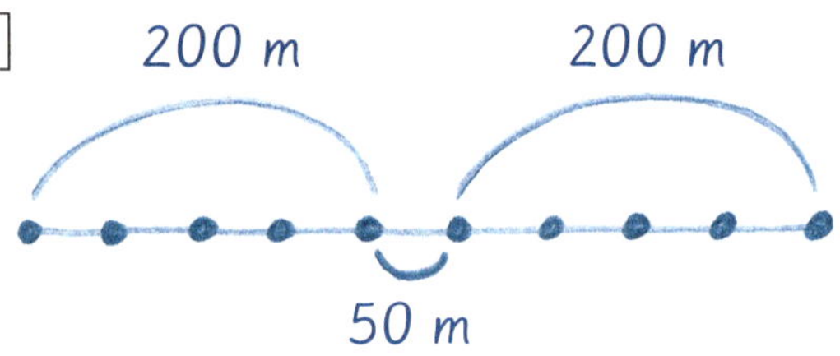

Es sind 450 m. — Ali

☐

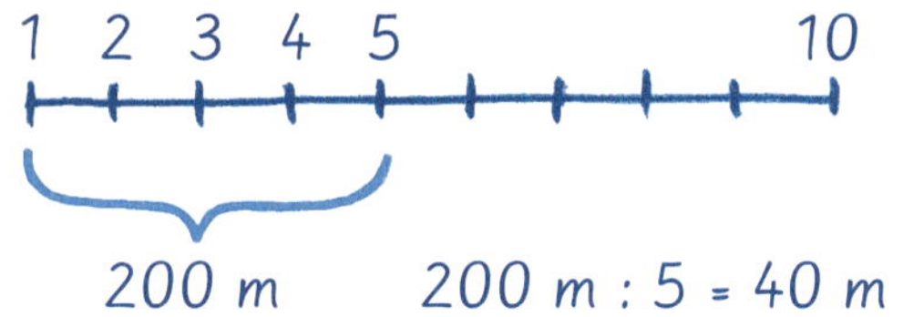

200 m : 5 = 40 m
40 m · 10 = 400 m

Es ist 400 m weit. — Noemi

☐

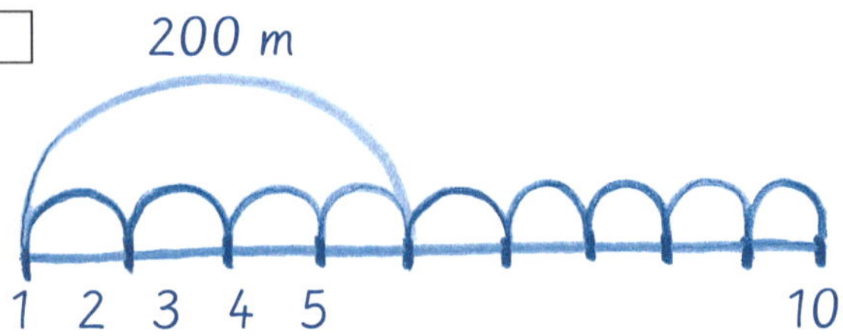

200 m : 4 = 50
5 · 50 m = 250 m
200 m + 250 m = 450 m

Es ist 450 m weit. — Pia

☐

200 m + 200 m = 400 m

Der Abstand beträgt 400 m. — Nils

☐

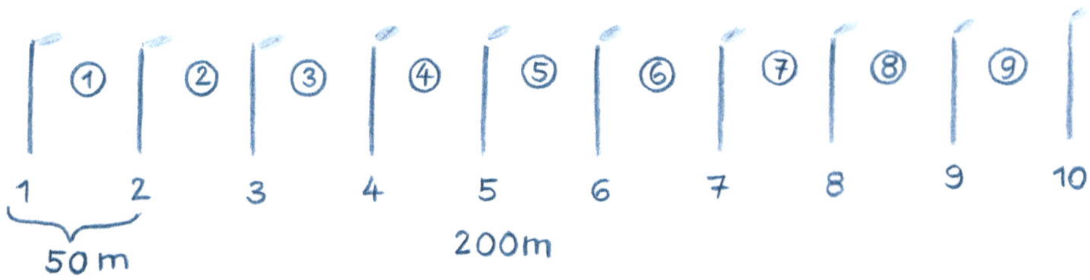

200 m : 4 = 50 m

9 · 50 = 450 m

Von der 1. bis zur 10. Laterne sind es 450 m. — Jana

b) Was haben die anderen Kinder falsch gemacht? Notiere.

2 Ben und Pia fahren nach dem Fußball-Training gleichzeitig auf einer geradlinig verlaufenden Strecke in entgegengesetzte Richtungen. Ben legt 22 km in einer Stunde zurück, Pia schafft 18 km in der Stunde. Wie weit sind die beiden nach einer halben Stunde voneinander entfernt?

Antwort: ______________________________

3 Gärtnerei Fuchs pflanzt an den zwei kurzen Seiten und an einer langen Seite eines rechteckigen Grundstücks Büsche. Die Büsche werden im Abstand von 60 cm gepflanzt. Das Grundstück ist 18 m lang und 9 m breit.

a) Wie viele Büsche werden gebraucht?

b) Wie viele Büsche braucht man, wenn man an der kurzen Seite einen Eingang von 1,80 cm frei lässt und 60 cm rechts und links des Eingangs keine Büsche pflanzt?

Antwort: a) ______________________________

b) ______________________________

 SB S. 68, 69

1 Wie groß sind die Tiere in Wirklichkeit?

Rossameise

Maßstab 2:1

Länge im Bild: ____________

Länge in Wirklichkeit: ____________

Rote Waldameise

Maßstab 4:1

Länge im Bild: ____________

Länge in Wirklichkeit: ____________

Rasenameise

Maßstab 10:1

Länge im Bild: ____________

Länge in Wirklichkeit: ____________

2 Wie groß sind die Tiere in Wirklichkeit?

Großer Tümmler

Maßstab 1:100

Länge im Bild: __________ cm

Länge in Wirklichkeit: __________ m

Orca

Maßstab 1:200

Länge im Bild: __________ cm

Länge in Wirklichkeit: __________ m

3 Verkleinere die Figuren. Zeichne jede Seite im Maßstab 1 : 2.

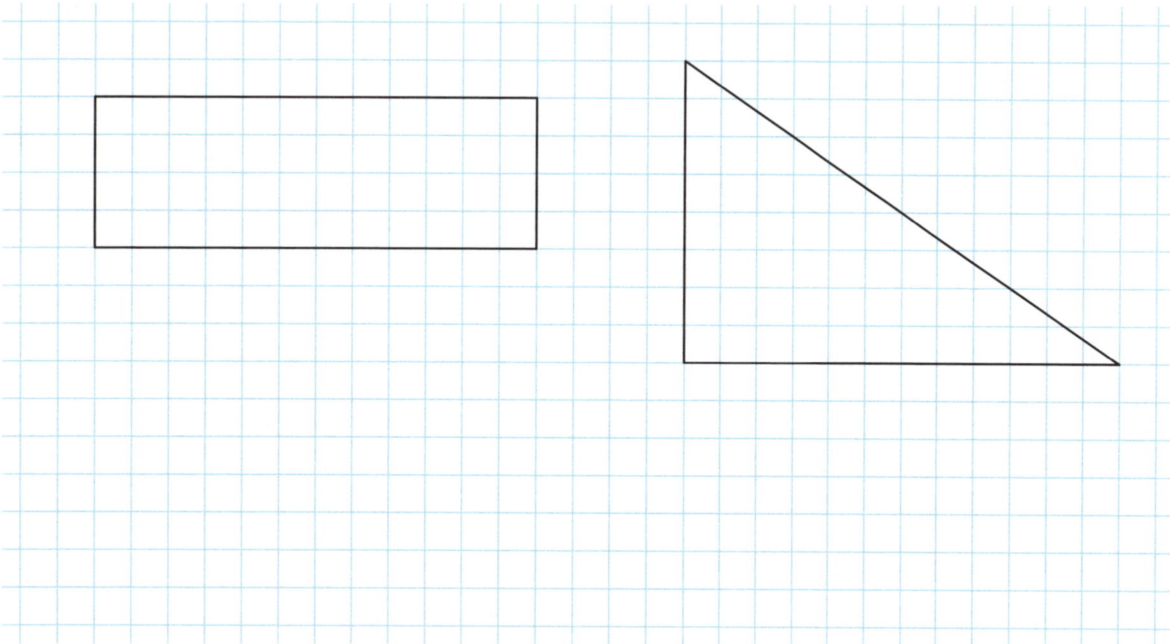

Kontrolliere:
Sind alle gezeichneten Seiten halb so lang wie in der Originalfigur?

4 Vergrößere die Figuren. Zeichne jede Seite im Maßstab 2 : 1.

SB S. 70, 71

1 Entdeckerpäckchen: Rechne.

a) 4 · 13 = ___
4 · 14 = ___
4 · 15 = ___
4 · 16 = ___

b) 5 · 23 = ___
5 · 24 = ___
5 · 25 = ___
5 · 26 = ___

c) 10 · 23 = ___
10 · 24 = ___
10 · ___ = ___
10 · ___ = ___

Was fällt dir an den Ergebnissen in den einzelnen Päckchen auf?

In Päckchen a) werden die Ergebnisse immer ___

In Päckchen b) werden die Ergebnisse immer ___

In Päckchen c) ___

2 Vermute: Um wie viel werden die Ergebnisse immer größer werden?

___

Rechne und überprüfe, ob deine Vermutung stimmt.

7 · 13 = ___
7 · 14 = ___
7 · 15 = ___
7 · 16 = ___

3 Rechne im Kopf oder notiere die Zwischenergebnisse.

a) 30 · 16 = ___
20 · 15 = ___
40 · 12 = ___
50 · 14 = ___

b) 60 · 15 = ___
70 · 13 = ___
30 · 19 = ___
40 · 17 = ___

c) 40 · 14 = ___
40 · 24 = ___
40 · 34 = ___
40 · 44 = ___

4 Setze das Entdeckerpäckchen fort.
Das Ergebnis soll immer um 500 größer werden.

30 · 25 = ___
___ · ___ = ___
___ · ___ = ___
___ · ___ = ___

5 Eine Aufgabe – zwei Möglichkeiten zu rechnen

a)
52 · 14 = ___ | 52 · 14 = ___
50 · 14 = ___ | 52 · 10 = ___
2 · 14 = ___ | 52 · 4 = ___

b)
13 · 43 = ___ | 13 · 43 = ___
10 · 43 = ___ | 13 · 40 = ___
3 · 43 = ___ | 13 · ___ = ___

c)
54 · 15 = ___ | 54 · 15 = ___
50 · 15 = ___ | 54 · 10 = ___
___ · 15 = ___ | 54 · ___ = ___

d)
12 · 52 = ___ | 12 · 52 = ___
___ · 52 = ___ | 12 · ___ = ___
___ · 52 = ___ | 12 · ___ = ___

6 Eine Aufgabe – zwei Möglichkeiten zu rechnen

43 · 21 = ___ | 43 · 21 = ___
40 · 21 = ___ | 43 · 20 = ___
3 · 21 = ___ | 43 · 1 = ___

25 · 36 = ___ | 25 · 36 = ___
___ · ___ = ___ | ___ · ___ = ___
___ · ___ = ___ | ___ · ___ = ___

27 · 16 = ___ | 27 · 16 = ___
___ · ___ = ___ | ___ · ___ = ___
___ · ___ = ___ | ___ · ___ = ___

32 · 52 = ___ | 32 · 52 = ___
___ · ___ = ___ | ___ · ___ = ___
___ · ___ = ___ | ___ · ___ = ___

7 Ein alter Rechentrick: Multiplizieren durch Verdoppeln

27 · 32 = ___

27 · 2 = ___
27 · 4 = ___
27 · 8 = ___
27 · 16 = ___
27 · 32 = ___

35 · 64 = ___

35 · 2 = ___
35 · ___ = ___
35 · ___ = ___
35 · ___ = ___
35 · ___ = ___
35 · ___ = ___

1 Geldbeträge überschlagen

Was meinst du, sind es zusammen mehr als 3000 €?

678,00 € | 1 815,00 € | 187,00 € | 295,00 €

Antwort: ______________________________

2 Rechenfehler finden und korrigieren

7 487 + 227 = 7 714

6 108 + 932 = 7 040

8 971 – 517 = 9 434

3 Zeitspannen und Zeitpunkte berechnen

13.45 Uhr —11 h 18 min→ ______ Uhr

6.22 Uhr ——→ 15.05 Uhr

20.52 Uhr ——→ 3.40 Uhr

______ Uhr —6 h 35 min→ 12.15 Uhr

______ Uhr —9 h 43 min→ 19.26 Uhr

4 Kilometer und Meter umwandeln

	km			m			
15,506 km							______ m
80,002 km							______ m
______							75 m
______							7 040 m

5 Sachaufgaben mit Längen lösen

Jette macht mit ihrer Tante eine dreitägige Radtour an der Isar. Die Strecke ist insgesamt 75 km lang. Am 1. Tag fahren sie 28 km 400 m, am 2. Tag fahren sie halb so weit wie am 1. Tag.
Wie viele Kilometer legen sie am 3. Tag der Tour zurück?

Antwort: ____________________

6 Mit dem Maßstab umgehen

Schwarze Wegameise

Maßstab 6:1
Länge im Bild: ______ mm
Länge in Wirklichkeit: ______ mm

Hammerhai

Maßstab 1:80
Länge im Bild: ______ cm
Länge in Wirklichkeit: ______ m

7 Halbschriftlich multiplizieren

$17 \cdot 42 =$

$54 \cdot 24 =$

$46 \cdot 34 =$

 SB S. 72, 73

1 Multipliziere halbschriftlich in der Kurzform.
Notiere nur noch die Zwischenergebnisse.

a)
4 · 318 =
1200
40
32

3 · 213 =

5 · 215 =

5 · 452 =

b)
2 · 3110 =

4 · 1215 =

3 · 1305 =

2 · 4038 =

2 Multipliziere schriftlich.

a) 318 · 4   213 · 3   215 · 5   452 · 5

b) 3110 · 2   1215 · 4   1305 · 3   4038 · 2

3 Multipliziere schriftlich.

1234 · 7   2143 · 7   3412 · 7   2413 · 7

4321 · 7   3124 · 7   4231 · 7   1432 · 7

8638, 10024, 10114, 15001, 16891, 21868, 23884, 29617, 30247

Schriftliches Multiplizieren 2

SB S. 74, 75

1 Welche Ziffern fehlen? Setze ein und kontrolliere.

1 2 3 1 · 3
3 6 9 3

4 1 2 · 4
9 6 4 8

2 2 2 · 7
1 5 5 4 0

1 1 2 · 5
1 0 5 6 0

5 2 · 2
3 0 4 6

3 1 · 4
2 1 2 4 0

0 1 · 2
4 0 2 6

1 0 · 6
2 4 6 4 8

0 0 1 1 2 2 2 3 3 4 5 8

2 Welche Ziffern fehlen? Setze ein und kontrolliere.

4 6 · 3
7 3 8 3

7 1 · 3
8 1 3 6

4 0 · 5
1 2 0 2 5

3 1 · 5
2 1 5 6 5

2 1 · 7
2 2 4 9 1

1 1 · 7
6 3 7 9 8

2 2 · 9
2 8 9 9 8

6 0 · 9
2 3 4 8 1

3 Welche Ziffern fehlen? Setze ein und kontrolliere.

8 9 · 3
2 6 6 9 1

4 8 · 3
2 2 2 8 4

3 4 · 6
1 3 8 8 4

3 4 · 6
1 4 1 8 4

4 6 · 7
3 1 3 3 2

6 3 · 4
1 8 7 3 2

2 1 · 8
5 7 7 6 8

2 1 · 5
2 1 1 5 5

4 Setze die Ziffern richtig ein. 1 3 4 5 8

1 · 3
4 3 7 4

· 3
1 3 7 4 3

· 3
2 5 2 4 5

4 · 5
2 1 5 9 0

· 5
4 1 7 0 5

· 5
2 0 9 1 5

1 Rechne.

312 · 20

381 · 60

416 · 30

532 · 70

6240, 12480, 22860, 35240, 37240

2 Rechne.

312 · 24

381 · 62

416 · 33

532 · 76

7488, 13728, 23622, 40432, 42430

3 Überschlage zuerst. Rechne dann genau.
Muss das Ergebnis größer (g) oder kleiner (k) als der Überschlag sein?

Ü: 400 · 20 = 8000 (g)

436 · 23

Ü:

486 · 27

Ü:

326 · 84

Ü:

472 · 39

4 Setze die fehlenden Ziffern ein und rechne die Aufgabe zu Ende.

_56 · 430	
1424	

3_6 · 402	
1224	

3__ · 407	
1260	

SB S. 78, 79

1 Du würfelst mit 2 Spielwürfeln und addierst die beiden Augenzahlen.
Sind diese Aussagen wahr oder falsch? Kreuze an.

Die Wahrscheinlichkeit …	wahr	falsch
a) … die Augensumme 7 zu würfeln ist am größten.	☐	☐
b) … die Augensumme 2 zu würfeln ist gering.	☐	☐
c) … die Augensumme 1 zu würfeln ist groß.	☐	☐
d) … die Augensumme 12 zu würfeln ist größer als die Wahrscheinlichkeit die Augensumme 8 zu würfeln.	☐	☐

2 Du würfelst 20-mal mit 2 Würfeln und addierst jeweils die beiden Augenzahlen.
Lies die Aussagen und kreuze passend an.

	unmöglich	möglich	sicher
a) Ich würfle einmal die Augensumme 7.	☐	☐	☐
b) Ich würfle die Augensumme 1.	☐	☐	☐
c) Ich würfle dreimal die Augensumme 6.	☐	☐	☐
d) Die Augensumme ist bei allen 20 Würfen gleich.	☐	☐	☐
e) Ich würfle eine Augensumme, die größer als 1 und kleiner als 13 ist.	☐	☐	☐

3 Bei welchem Glücksrad sind die Gewinnchancen für die Farbe Rot genauso groß wie für die Zahl ⚁ beim 6er-Würfel? Kreuze an.

☐ 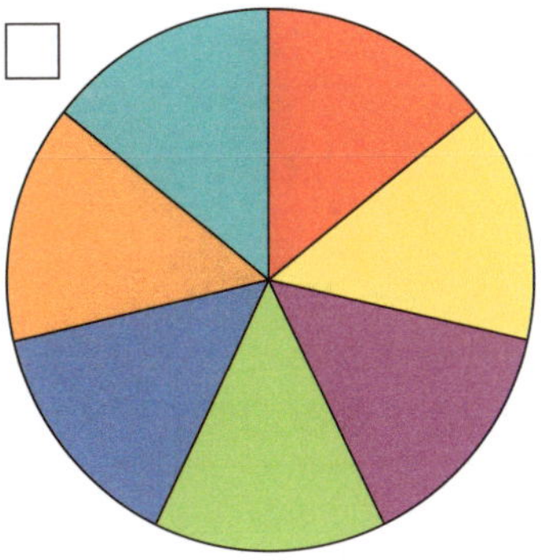

☐ 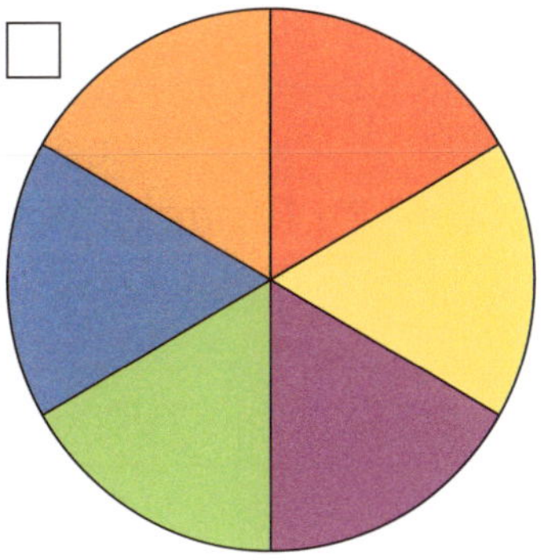

☐ 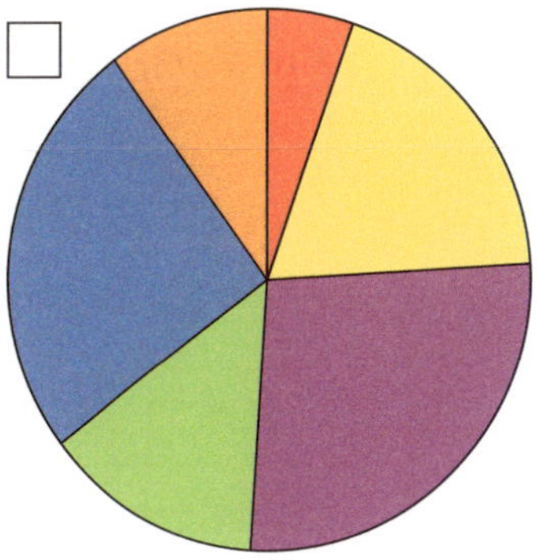

4 Unterteile das Glücksrad so, dass die Gewinnchancen für jede Fläche genauso groß sind wie die Gewinnchancen für jede Augenzahl bei einem 10er-Würfel. Begründe.

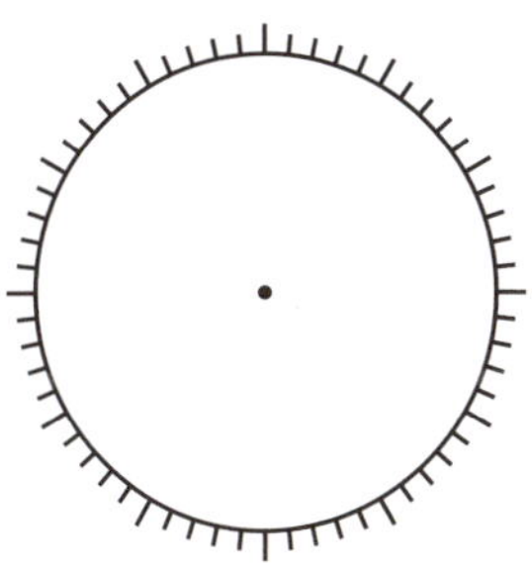

____

____

____

____

Tonne und Kilogramm

1 Wandle um.

	t		kg				
3,5 t		3	5	0	0	3 500	kg
5,55 t						______	kg
10 t 145 kg						______	kg
5 t 55 kg						______	kg

	t		kg				
8 505 kg		8	5	0	5	8,505	t
55 555 kg						______	t
175 kg						______	t
3 t 25 kg						______	t

2 a) Ein LKW bringt 4,5 t Weizen zur Mühle. 10 kg Weizen ergeben 7 kg Mehl. Wie viel Mehl ergibt die Ladung? Ergänze die Tabelle.

Weizen	10 kg	100 kg	500 kg	1 t	4 t	4,5 t
Mehl	7 kg					

Antwort: ______________________________

b) Aus 10 kg Mehl können 16 kg Brotteig hergestellt werden. Wie viel Brotteig kann aus 3 150 kg Mehl hergestellt werden?

Mehl	10 kg	50 kg	100 kg	1 000 kg	3 000 kg	3 150 kg
Brotteig	16 kg					

Antwort: ______________________________

3 Auf einem Feld werden 42 000 Zuckerrüben geerntet. Um 1 kg Zucker herzustellen, werden 8 Rüben benötigt. Wie viel Zucker ergibt die Ernte?

Antwort: ______________________________

Tierische Schwergewichte

SB S. 82, 83

Das Flusspferd

Größe:	4,50 m
Gewicht:	3,2 t
Nahrung pro Tag:	40 kg

Flusspferd-Baby

Größe*	
Gewicht:	49 kg

* nicht bekannt

Der Eisbär

Größe:	2,50 m
Gewicht:	800 kg
Nahrung pro Tag*	

* frisst nicht regelmäßig

Eisbär-Baby

Größe:	30 cm
Gewicht:	700 g

Der Tiger

Größe:	2,80 m
Gewicht:	280 kg
Nahrung pro Tag:	9 kg

Tiger-Baby

Größe:	40 cm
Gewicht:	1,2 kg

1 Wie viele Eisbären sind so schwer wie ein Flusspferd?

R: ______________________________

A: ______________________________

2 Wie viele Eisbär-Babys sind zusammen so schwer wie ein Flusspferd-Baby?

R: ______________________________

A: ______________________________

3 Im Zoo leben vier Tiger. Wie viele Kilogramm Futter fressen sie an einem Tag?

R: ______________________________

A: ______________________________

4 Im Zoo leben drei Flusspferde. Wie viel Futter fressen sie in einer Woche?

R: ______________________________

A: ______________________________

5 Wie viele Tiger-Babys sind so schwer wie drei ausgewachsene Tiger?

R: ______________________________

____

A: ______________________________

Halbschriftliches Dividieren 2

SB S. 84, 85

1 Rechne halbschriftlich in möglichst wenigen Schritten.

268 : 4 = ___	588 : 6 = ___	2 750 : 5 = ___	1 650 : 3 = ___
240 : 4 = ___	540 : 6 = ___	2 500 : 5 = ___	1 500 : 3 = ___
28 : 4 = ___	___ : 6 = ___	___ : 5 = ___	___ : 3 = ___

2 Rechne halbschriftlich. Welche Zahl wählst du für den ersten Rechenschritt?

30 60 90 120 150 180 210 240 270 300

90 180 270 360 450 540 630 720 810 900

237 : 3 = ___	144 : 3 = ___	198 : 9 = ___	855 : 9 = ___
___ : 3 = ___	___ : 3 = ___	___ : 9 = ___	___ : 9 = ___
___ : 3 = ___	___ : 3 = ___	___ : 9 = ___	___ : 9 = ___

3 Rechne halbschriftlich in möglichst wenigen Schritten.

200 250 300	140 210 280	1 200 1 600 2 000	2 400 3 000 3 600
285 : 5 = ___	294 : 7 = ___	1 800 : 4 = ___	2 640 : 6 = ___
___ : 5 = ___	___ : 7 = ___	___ : 4 = ___	___ : 6 = ___
___ : 5 = ___	___ : 7 = ___	___ : 4 = ___	___ : 6 = ___

4 a) Rechne halbschriftlich.

252 : 3 = ___	840 : 6 = ___	234 : 9 = ___
___ : 3 = ___	___ : 6 = ___	___ : 9 = ___
___ : 3 = ___	___ : 6 = ___	___ : 9 = ___

b) Löse die Aufgaben. Die Ergebnisse von Aufgabe 4a helfen dir.

2 520 : 3 = ___	8 400 : 6 = ___	2 340 : 9 = ___
25 200 : 3 = ___	84 000 : 6 = ___	23 400 : 9 = ___

5 Durch welche Zahl wird geteilt?

5 440 : ___ = 680	2 664 : ___ = 296	2 108 : ___ = 527	5 136 : ___ = 642
1 390 : ___ = 278	2 691 : ___ = 897	1 001 : ___ = 143	1 708 : ___ = 854

1 Dividiere schriftlich.

T H Z E
7 3 6 8 : 3 =

T H Z E
6 1 7 5 : 5 =

2 Welche Fehler haben die Kinder gemacht? Vervollständige die Sätze.

```
5 5 0 8 : 4 = 1 3 9
4
1 5
1 2
  3 8
  3 6
    2
```

Justus

```
9 8 6 4 : 8 = 1 2 2 1 3
8
1 8
1 6
  2 6
  1 6
  1 0
    8
    2 4
    2 4
      0
```

Jette

________ hat eine zu große Zahl geteilt.

________ hat nicht die größtmögliche Zahl gewählt.

________ hat sich beim Teilen verrechnet.

________ hat die Null nicht beachtet.

```
9 4 1 5 : 7 = 1 3 5 6
7
2 4
2 1
  3 1
  3 5
    4 5
    4 2
      3
```

Tobi

```
7 4 7 0 : 6 = 1 2 3 5
6
1 4
1 2
  2 7
  2 4
    3 0
    3 0
      0
```

Ali

1 Dividiere schriftlich. Welche Zahl wählst du für den ersten Rechenschritt?

7 14 21

1 7 2 2 : 7 =

21 24 27

2 6 8 8 : 3 =

2 Aufgaben mit und ohne Rest. Achte auf die Nullen. Kontrolliere mit der Probe.

2 4 3 2 : 8 =

Probe:

2 4 2 3 : 4 =

Probe:

5 2 7 3 : 9 =

Probe:

5 7 5 0 : 6 =

Probe:

3 Welche Ziffern fehlen?

1 7 ☐ 8 : 6 = 2 ☐ 3

Probe:

1 6 ☐ ☐ : 5 = ☐ 2 2

Probe:

4 Die Zahl 362 880 hat viele Teiler.
Sie lässt sich ohne Rest durch alle Zahlen von 1 bis 10 teilen.
Lässt sie sich auch ohne Rest durch alle Zahlen von 11 bis 20 teilen? Probiere es aus.

362880 : 11 =

362880 : 12 =

362880 : 13 =

362880 : 14 =

362880 : 15 =

362880 : 16 =

362880 : 17 =

362880 : 18 =

362880 : 19 =

362880 : 20 =

Antwort:

Kannst du das? 5

1 Schriftlich multiplizieren

2341 · 6

5326 · 4

1950 · 9

6083 · 7

4124 · 5

3775 · 5

2 Fehlende Ziffern ergänzen

56 _ _ · 2	3122
86 _ _ · 4	15444
30 _ _ · 6	25836
92 _ _ · 8	63400
21 _ _ · 5	16075
20 _ _ · 7	43421
45 _ _ · 9	22077
18 _ _ · 6	25092

3 Ziffern richtig einsetzen. 0 2 4 7 9

_ 7 _ 4 · 4	8316
_ _ _ _ · 4	28368
_ _ _ _ · 7	64680
_ _ _ _ · 7	14658

4 Mehrstellige Zahlen multiplizieren

654 · 76

593 · 54

384 · 83

875 · 68

5 Sachaufgaben mit Gewichtsangaben lösen

Ein Eisbär-Baby wiegt 700 g. Ein Tiger-Baby wiegt 1 200 g.
Wie viele Eisbär-Babys sind so schwer wie sieben Tiger-Babys?

Antwort: ______________________________

6 Halbschriftlich dividieren

504 : 7 = ____
____ : ___ = ____
____ : ___ = ____

288 : 6 = ____
____ : ___ = ____
____ : ___ = ____

594 : 9 = ____
____ : ___ = ____
____ : ___ = ____

2520 : 5 = ____
____ : ___ = ____
____ : ___ = ____

3760 : 8 = ____
____ : ___ = ____
____ : ___ = ____

6750 : 9 = ____
____ : ___ = ____
____ : ___ = ____

7 Schriftlich dividieren

8 7 3 9 : 3 =

5 0 2 4 : 4 =

1 8 3 5 : 5 =

2 9 0 4 : 3 =

8 Schriftlich dividieren mit Rest

7 8 1 2 : 8 =

Probe:

5 9 1 1 : 7 =

Probe:

SB S. 90

1 Gib das Ergebnis in Euro an.

5,12 € · 4 = ________ €

5 1 2 · 4
2 0 4 8

2 0 4 8 ct =

9,06 € · 6 = ________ €

9 0 6 · 6

2,18 € · 3 = ________ €

2 1 8 · 3

2 Gib das Ergebnis in Euro an.

7,85 € · 5 = ________

6,19 € · 8 = ________

12,95 € · 6 = ________

3 Berechne den Unterschied zwischen Barzahlung und Ratenzahlung.

a) 329 € oder 4-mal 84,25 €

Unterschied: ________

b) 569,99 € oder 18-mal 35,85 €

Unterschied: ________

4 Bei welchem Angebot zahlst du pro Teil am wenigsten?

Angebot A:
5 Schnellhefter 2,15 €

Angebot B:
8 Schnellhefter 3,28 €

Antwort: ____________________

Einfache Brüche

SB S. 94, 95

1 Wie heißt der Bruchteil? Notiere.

a) 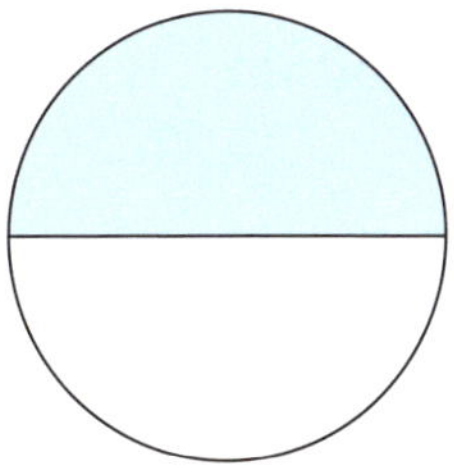

$\frac{1}{2}$

b) 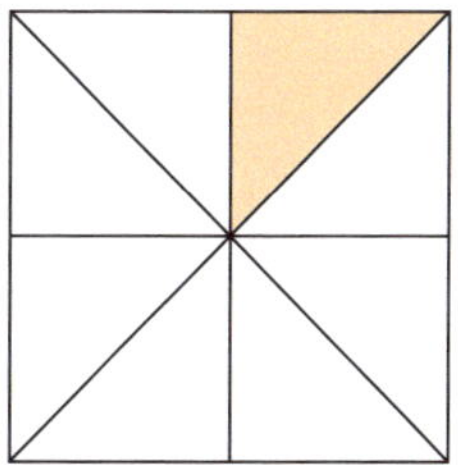

—

c) 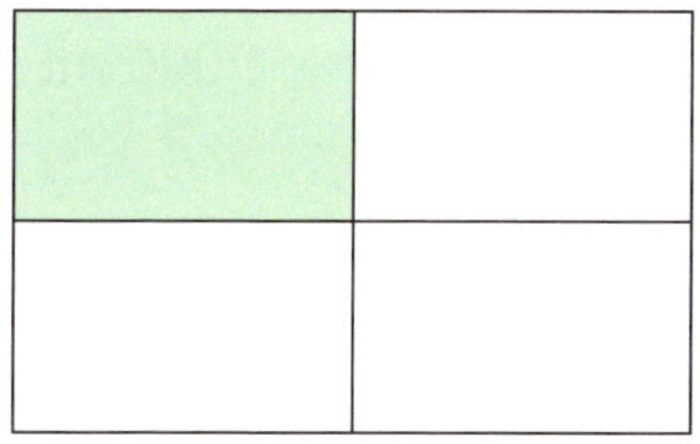

—

d) 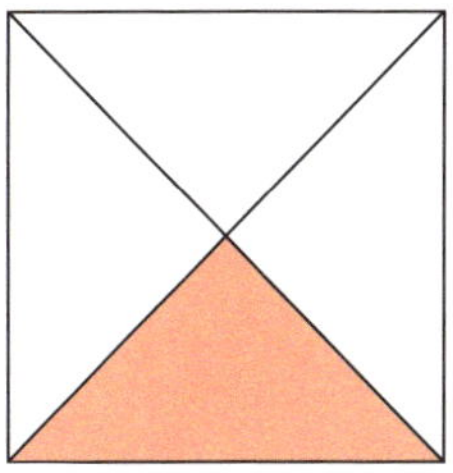

—

e) 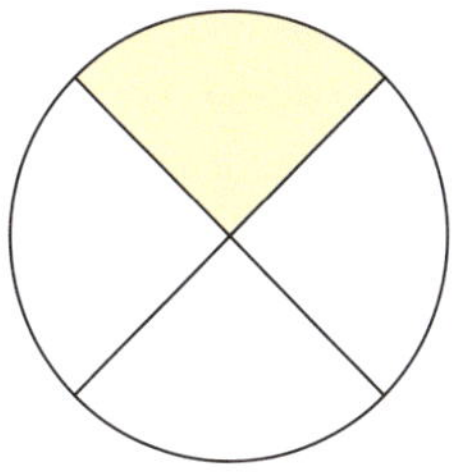

—

f) 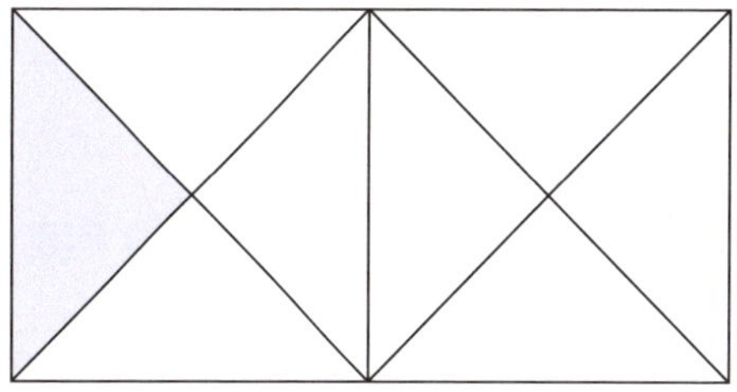

—

2 Gib die gefärbten Bruchteile als Brüche an.

a) 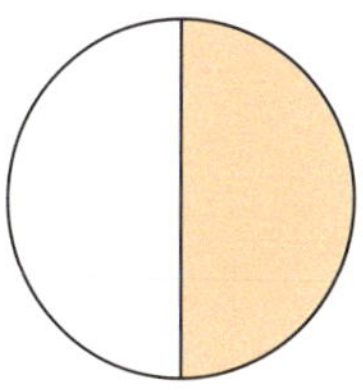

—

b) 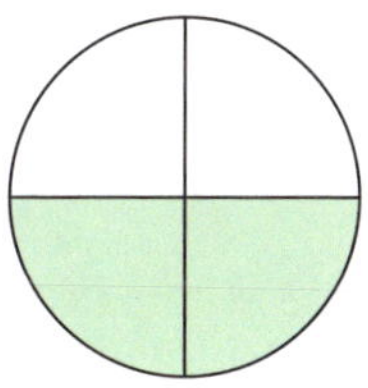

—

c) 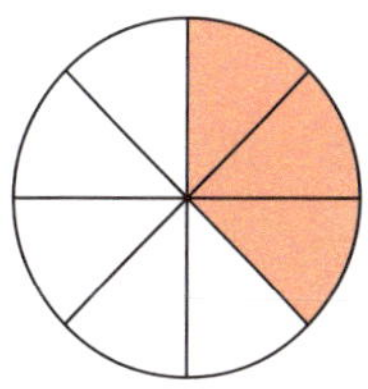

—

d) 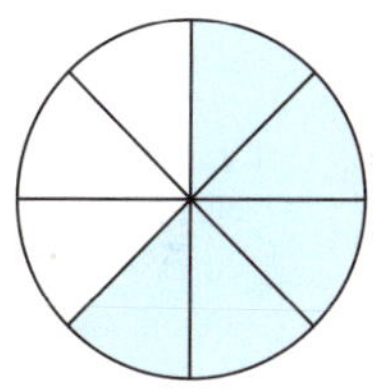

—

e) 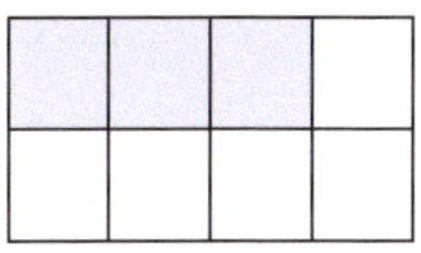

—

f) 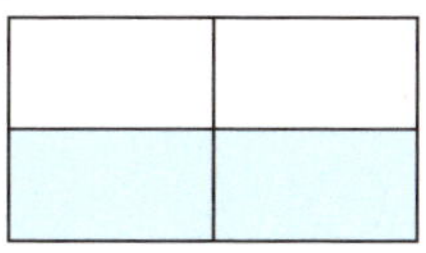

—

g) 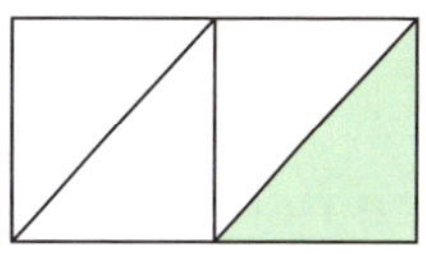

—

h) 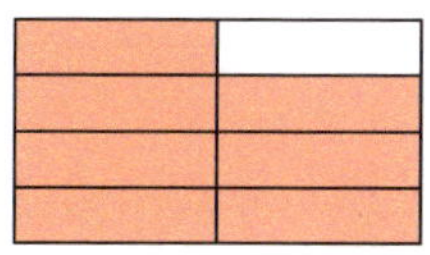

—

i) 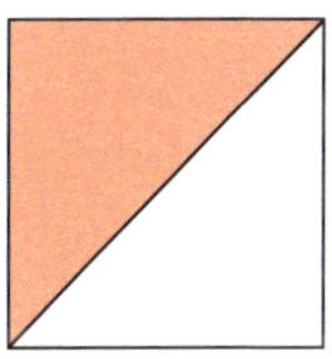

—

j) 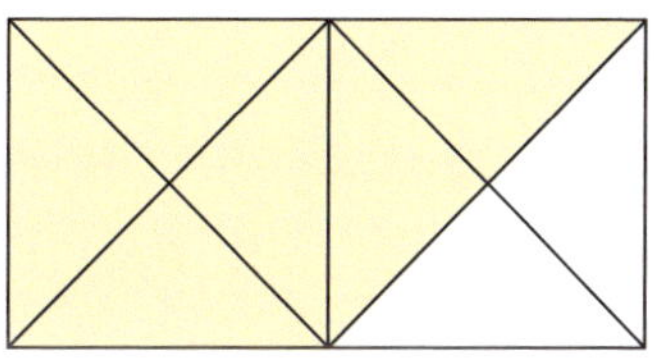

—

k) 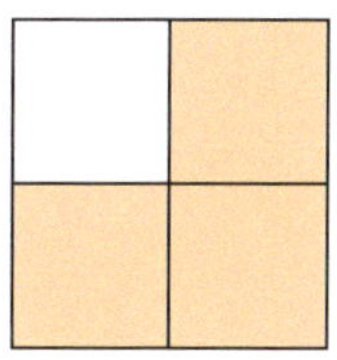

—

l) 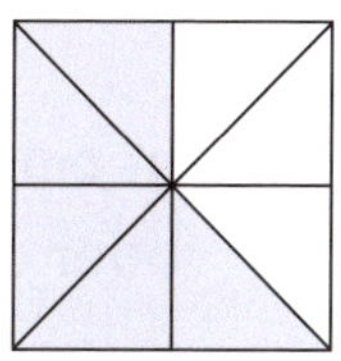

—

 SB S. 96, 97

1 Was gehört zusammen? Verbinde.

250 ml	1 000 ml	150 ml	5 ml	500 ml	10 000 ml

1 l	0,250 l	0,150 l	10 l	0,5 l	0,005 l

2 Trage in die Tabelle ein und schreibe als Kommazahl.

	l			ml			
9 l 325 ml							_____ l
15 l 15 ml							_____ l
999 ml							_____ l
7 ml							_____ l

3 Wandle um in Milliliter.

0,2 l

0,33 l

0,75 l

1,5 l

_____ _____ _____ _____

4 Vergleiche. Setze richtig ein: (>), (=), (<)

$\frac{1}{4}$ l ◯ 200 ml $\frac{1}{2}$ l ◯ 250 ml $\frac{3}{4}$ l ◯ 750 ml

$\frac{1}{8}$ l ◯ 150 ml $2\frac{1}{2}$ l ◯ 2 l 50 ml $3\frac{1}{4}$ l ◯ 3 l 500 ml

5 In einer Gießkanne sind 3,6 Liter Wasser. Wenn du das Wasser auf 5 Becher oder auf 7 kleinere Becher verteilst, bleiben immer 100 Milliliter übrig.
Wie viele Milliliter passen jeweils in die Becher?

_____

SB S. 98

1 In einer Getränkekiste sind 12 Flaschen. Jede Flasche enthält 500 ml. Wie viele Liter enthalten alle Flaschen zusammen?

Antwort: ______________________________

2 Beim Händewaschen verbrauchst du ungefähr 625 ml Wasser.

a) Wie viel Wasser verbrauchst du täglich, wenn du 7-mal die Hände wäschst?
b) Wie viel Wasser verbrauchst du dann in einem Monat (30 Tage)?
c) Wie viel Wasser verbrauchst du dann in einem Jahr?

Antwort: a) ______________________________

b) ______________________________

c) ______________________________

3 Jana hat beim Ausflug 300 ml weniger getrunken als Olga, die halb so viel getrunken hat wie Ali. Ali hat 250 ml mehr getrunken als Tobi, der $1\frac{1}{2}$ l getrunken hat. Wie viel hat jedes Kind getrunken?

Antwort: ______________________________

____

1 Wie viele Zentimeterwürfel passen in die Körper? Wie viele Milliliter sind das?

a)

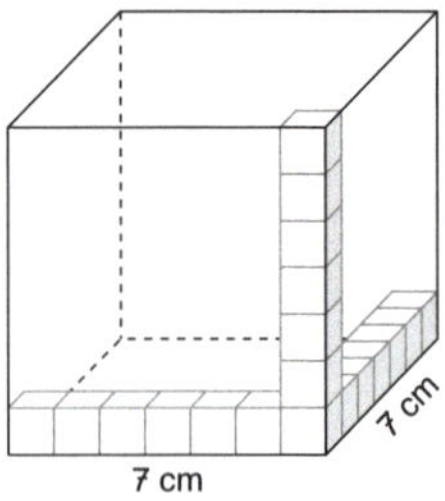

b)

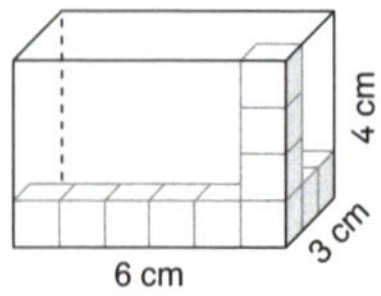

c)

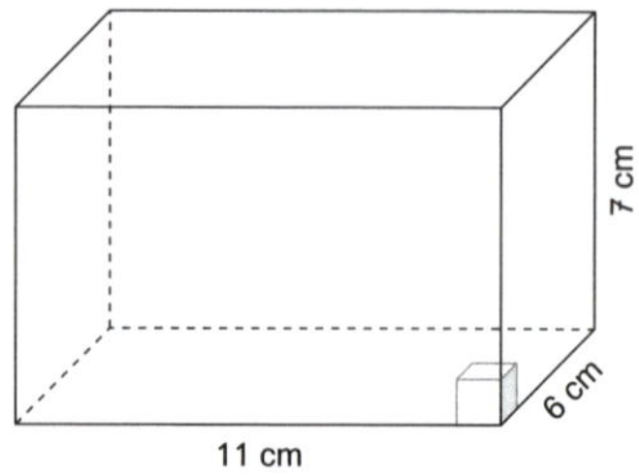

2 Wie viele Liter passen in diese Körper? Berechne.

a)

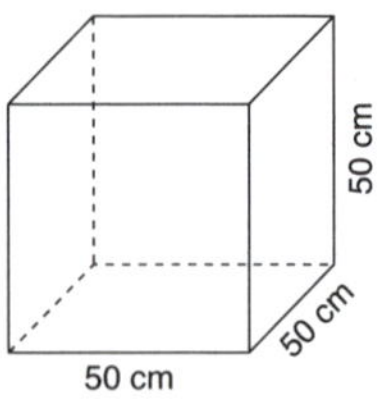

b)

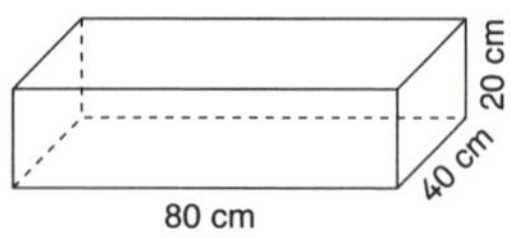

c)

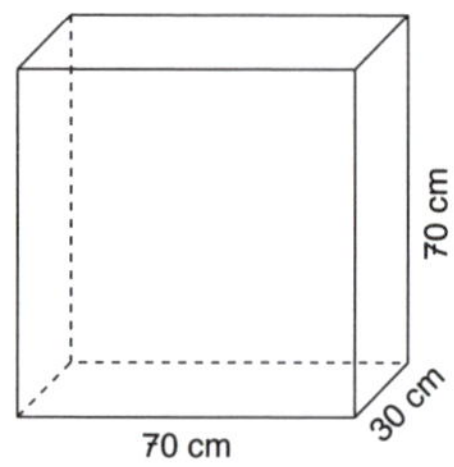

3 In welchen der beiden Körper passen mehr Liter?
Vermute, bevor du rechnest.

A

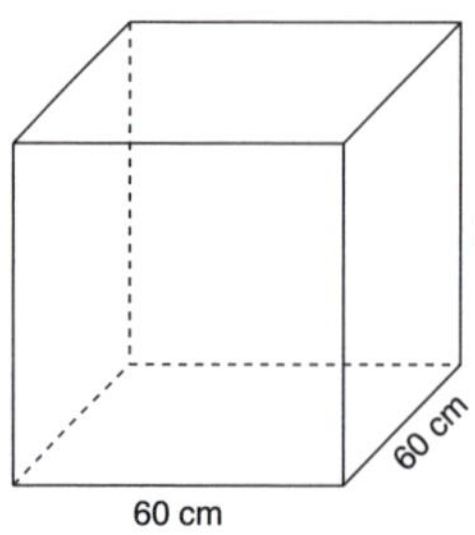

B

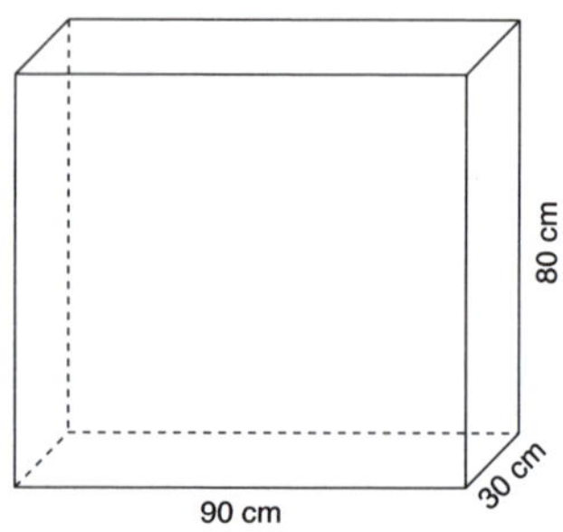

Vermutung: ______________________________

Antwort: ______________________________

4 Die Klasse 4a möchte im Klassenraum ein Aquarium aufstellen.
Es stehen diese zwei Aquarien zur Auswahl:

Aquarium 1

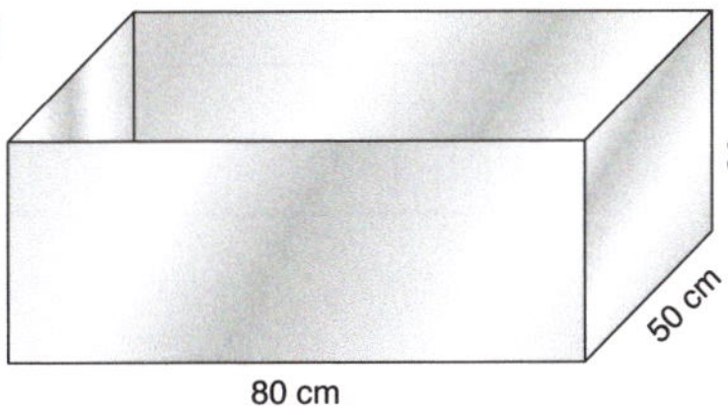

Aquarium 2

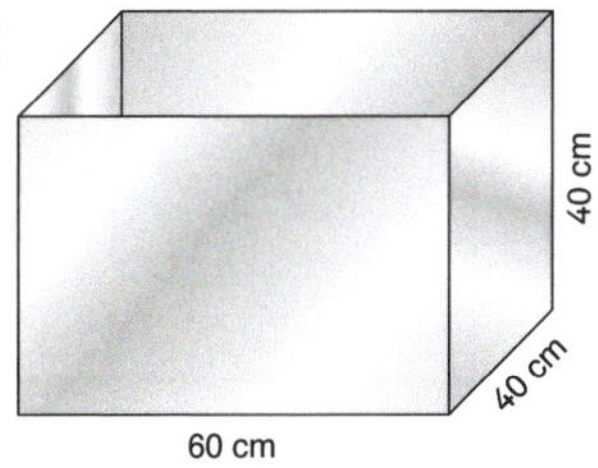

a) Wie viele Liter Wasser passen in die Aquarien?

Antwort: ______________________________

b) Das Aquarium soll auf ein Regal gestellt werden, das höchstens mit 130 kg belastet werden darf. Für welches Aquarium entscheidet sich die Klasse, wenn Aquarium 1 leer 27 kg wiegt und Aquarium 2 leer 23 kg schwer ist?

Antwort: ______________________________

5 In einen Quader passen genau 120 Milliliter. Welche Maße könnte der Quader haben? Finde vier Möglichkeiten.

Körpernetze

SB S. 108, 109

1 Quadernetze: Färbe gegenüberliegende Flächen mit der gleichen Farbe.

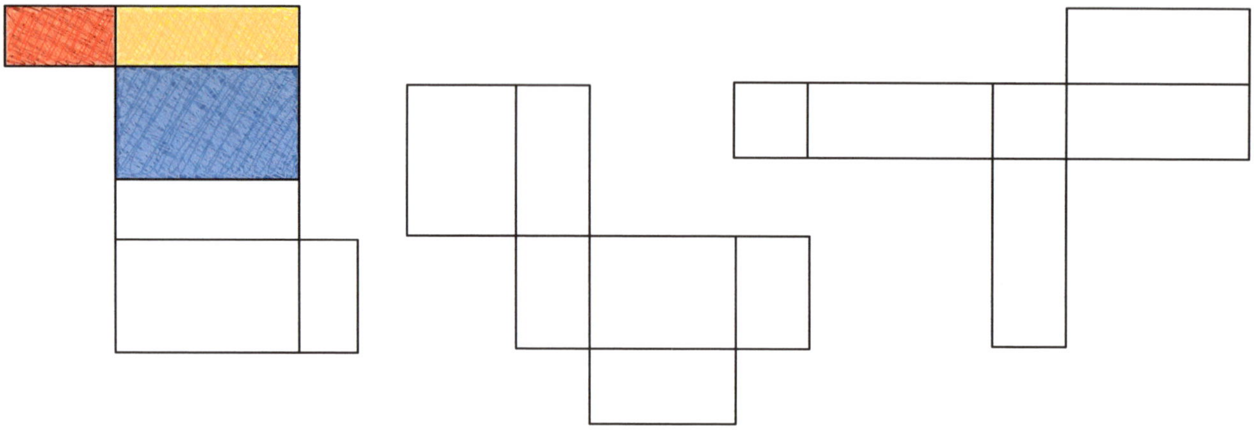

2 Falte das Quadernetz in Gedanken zusammen. Benenne die Flächen so:

u: unten | o: oben | v: vorne | h: hinten | l: links | r: rechts

Die blaue Fläche ist immer unten.

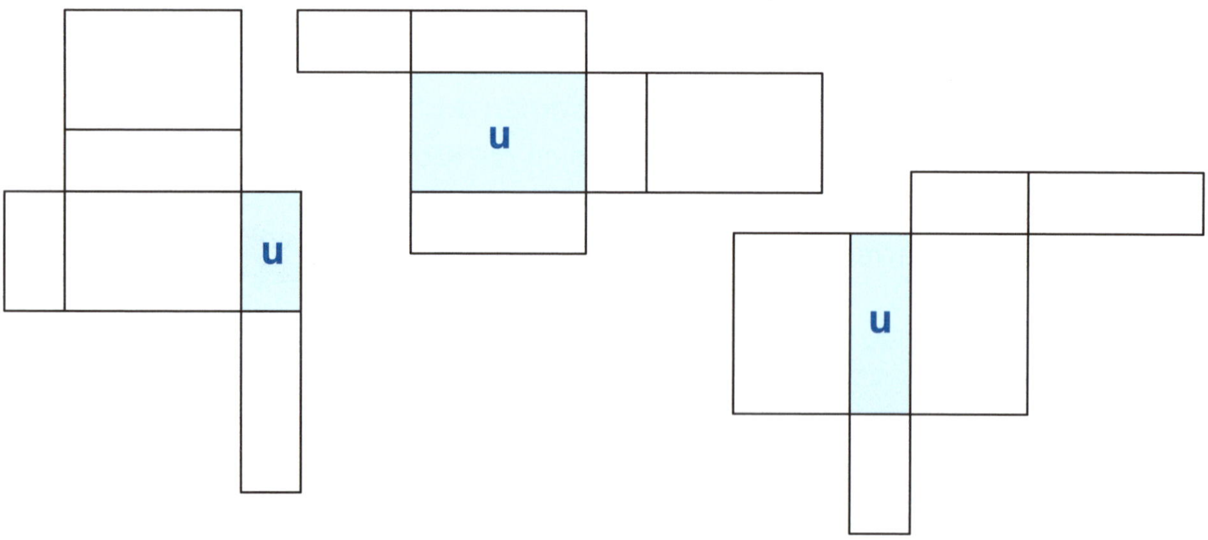

3 Mit welchen Ecken treffen die markierten Ecken zusammen?
Markiere sie mit der gleichen Farbe.

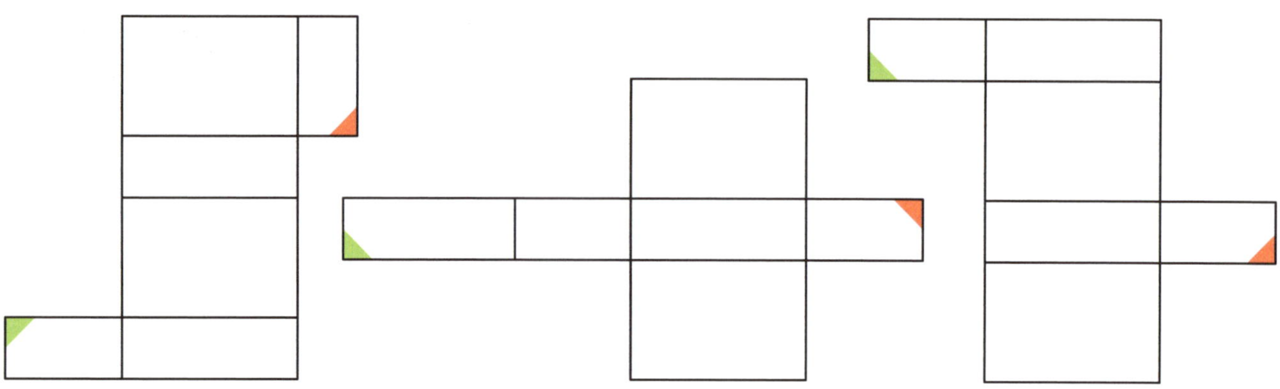

4 Hier sind die Flächen von drei Quadernetzen durcheinandergeraten.
Färbe die Flächen, die zum selben Quadernetz gehören,
mit gleicher Farbe.

5 Ergänze so, dass jeweils ein Körpernetz entsteht.

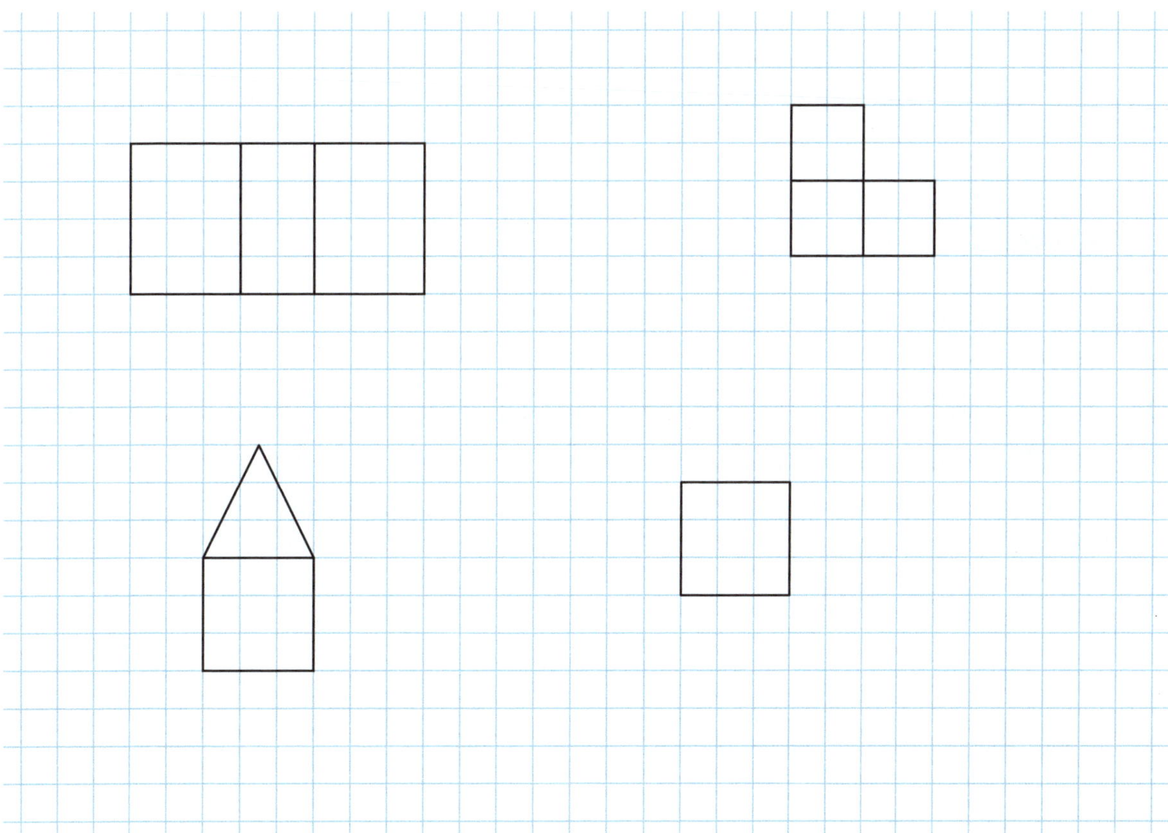

In der Jugendherberge

SB S. 110, 111

Preise Jugendherberge Waldblick

Übernachtung mit Frühstück (Ü/F)	Halbpension (HP)	Vollpension (VP)
18,40 €	23,80 €	28,00 €

Alle Preise pro Person inkl. Bettwäsche.

Freiplätze

Die Jugendherberge bietet zwei Freiplätze für jede Schulklasse ab 22 Teilnehmern bei mindestens vier Übernachtungen mit Vollpension an.

1 Was bedeuten die Begriffe in der Preisübersicht? Notiere.

Halbpension ______________________________

Vollpension ______________________________

Frühstück | Abendessen | Übernachtung | Mittagessen

2 Wie viel kostet ein Aufenthalt von Montag 11 Uhr bis Freitag 10 Uhr für eine Person …

a) … mit Halbpension?

b) … mit Vollpension?

Antwort: a) ______________________________

b) ______________________________

3 Jettes und Justus' Klasse möchte eine Klassenfahrt in die Jugendherberge Waldblick machen. Es sind 24 Kinder und zwei Lehrerinnen. Wie viel muss die Klasse für 4 Übernachtungen mit Vollpension bezahlen?

Antwort: ______________________________

4 a) Die Jugendherberge Waldblick bietet auch ein Programm für Schulklassen an. Vergleiche den Preis mit dem Preis von Aufgabe 3. Berechne den Preisunterschied.

b) Würdest du den Aufenthalt mit oder ohne Programm buchen? Begründe.

PROGRAMM ABENTEUER WALDBLICK

für Schulklassen
vom 3. – 8. Schuljahr
Preis pro Person: € 162,00

Ermäßigung
2 Freiplätze für Schulklassen ab 22 Personen

Leistungen
4 Übernachtungen mit Vollpension

Programm
Stadtführung,
Museumsbesuch,
Stadtrallye,
Tagesausflug zum See,
Erlebnistour Auenwald,
Grillparty,
Discoabend,
Minigolf mit Nachtwanderung,
Eintritt Freibad oder Hallenbad,
Kicker-Turnier

Teilnehmerzahl
Mindestens 22 Teilnehmer

5 Für die Fahrt mit dem Zug muss jeder Teilnehmer insgesamt 9,59 Euro bezahlen.

a) Berechne die Fahrtkosten für Justus' Klasse.

b) Berechne die Gesamtkosten für die Klassenfahrt bei 4 Übernachtungen mit Vollpension ohne Programm.

c) Berechne die Gesamtkosten für die Klassenfahrt bei 4 Übernachtungen mit Vollpension und Programm.

SB S. 114, 115

Schloss Lichtenstein – ein Märchenschloss, das im 19. Jahrhundert erbaut wurde.

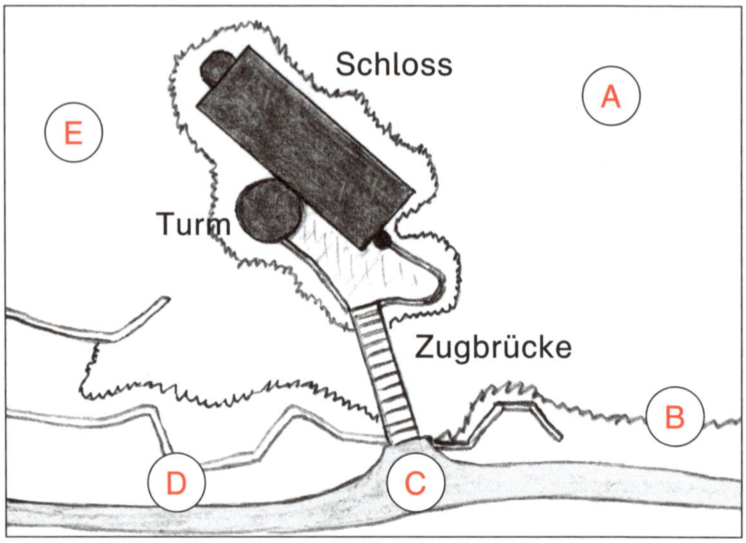

Grundriss Schloss Lichtenstein

1 Das Schloss Lichtenstein wurde von verschiedenen Stellen aus gezeichnet. Ordne die Zeichnungen den Stellen im Grundriss zu. Trage die Buchstaben ein.

Rechnen mit dem Maßstab

SB S. 116, 117

1 Berechne die Streckenlängen in Wirklichkeit.

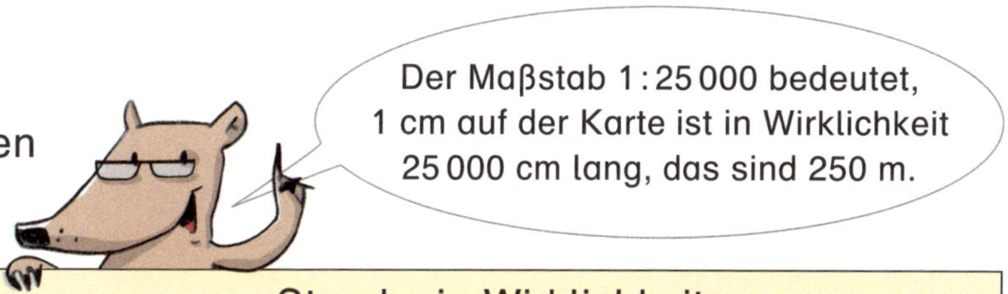

Strecke auf der Karte	Strecke in Wirklichkeit	
	Maßstab 1 : 25 000	Maßstab 1 : 50 000
1 cm	25 000 cm = 250 m	50 000 cm = 500 m
5 cm		
12 cm		

2 Beim Autofahren benutzt man Straßenkarten mit dem Maßstab 1 : 100 000 oder 1 : 200 000.
Berechne die Streckenlängen in Wirklichkeit. Gib die Längen in km an.

Strecke auf der Karte	Strecke in Wirklichkeit	
	Maßstab 1 : 100 000	Maßstab 1 : 200 000
1 cm		
5 cm		
12 cm		

3 Für Stadtpläne verwendet man bei kleineren und mittleren Städten den Maßstab 1 : 10 000 oder 1 : 15 000 und bei größeren Städten den Maßstab 1 : 20 000.

a) Warum ist das so? Notiere.

____

____

____

b) Berechne die Streckenlängen in Wirklichkeit.

Strecke auf der Karte	Strecke in Wirklichkeit		
	Maßstab 1 : 10 000	Maßstab 1 : 15 000	Maßstab 1 : 20 000
1 cm			
4 cm			
7 cm			
15 cm			
20 cm			

SB S. 118, 119

1 Zeichne jeweils das Schrägbild.

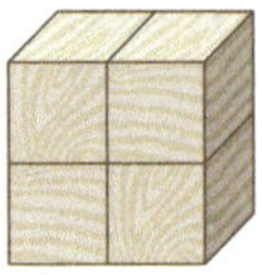

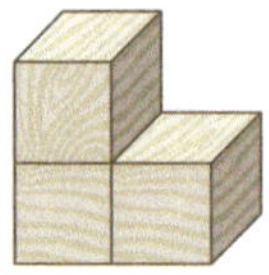

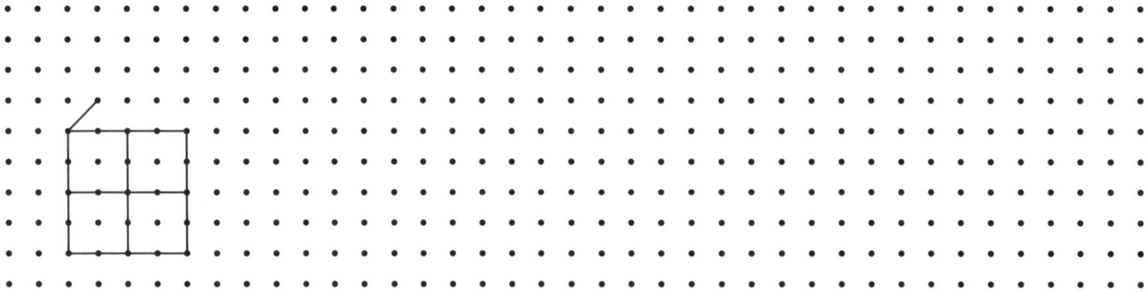

2 Zeichne jeweils das Schrägbild.

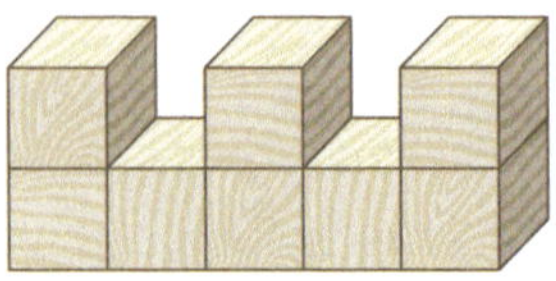

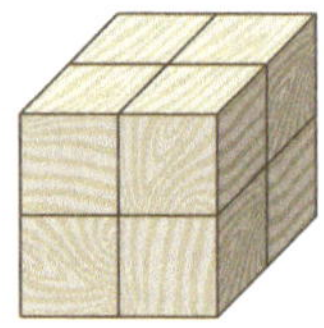

3 Baue die Gebäude nach Bauplan und zeichne jeweils das Schrägbild.

2	1	2
1	1	1
1	1	1

3	2
2	0

2	2	2
2	3	2
2	2	2

SB S. 120, 121

Bei dem Brettspiel Scrabble™ werden mit Buchstaben-Steinen Wörter gelegt.
Die Buchstaben kommen unterschiedlich häufig vor und haben verschiedene Werte:

1 Setze die richtige Zahl ein.

Mit dem Buchstaben N gibt es ___ Steine.

Für ein T gibt es ___ Punkt.

Mit dem Buchstaben K gibt es ___ Steine.

Für ein W gibt es ___ Punkte.

2 Trage in jedes Buchstaben-Steinchen den Wert des Buchstabens ein.
Wie viele Punkte erhält man für diese Wörter?

Q	U	A	R	K
___	___	___	___	___

Punkte: ______

S	O	N	N	E
___	___	___	___	___

Punkte: ______

3 Stimmt das? Streiche falsche Aussagen durch.

Für WAL gibt es 7 Punkte.

Das M kommt genauso häufig vor wie das H.

Es ist unmöglich SKIZZE zu legen.

Es ist möglich KAKAO zu legen.

Das Z kommt häufiger vor als das D.

Für UNGEHEUER gibt es 10 Punkte.

4 Finde ein Wort mit vier Buchstaben, mit dem du möglichst viele Punkte erreichst.

___	___	___	___
___	___	___	___

Punkte: ______

Kannst du das? 6

1 Liter und Milliliter umwandeln

Liter			$\frac{1}{4}$ l	$\frac{1}{8}$ l	$1\frac{1}{2}$ l	$\frac{3}{4}$ l
Milliliter	500 ml	2 500 ml				

2 Sachaufgaben mit Größen lösen

a) In einer Getränkedose sind 330 ml Limo.
Wie viele Liter und Milliliter Limo enthält ein Sechserpack?

Antwort: ______________________________

b) In der Jugendherberge sollen beim Frühstück $5\frac{1}{2}$ Liter Früchtetee in 250-ml-Bechern abgefüllt werden. Wie viele Becher werden benötigt?

Antwort: ______________________________

3 Rauminhalte berechnen und vergleichen

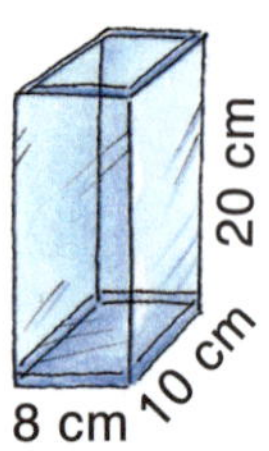

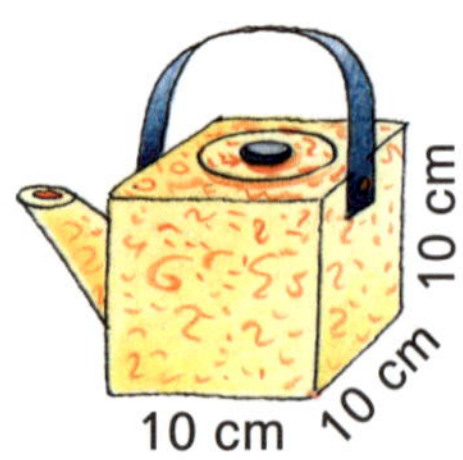

Welches Gefäß fasst das meiste und welches das wenigste Wasser?

Antwort: ______________________________

4 Mit dem Maßstab rechnen

Das ist der Grundriss eines Gebäudes, gezeichnet im Maßstab 1 : 2 000. Miss Länge und Breite im Grundriss und berechne die Maße in Wirklichkeit.

	im Grundriss	in Wirklichkeit
Länge		
Breite		

5 Quadernetze vervollständigen

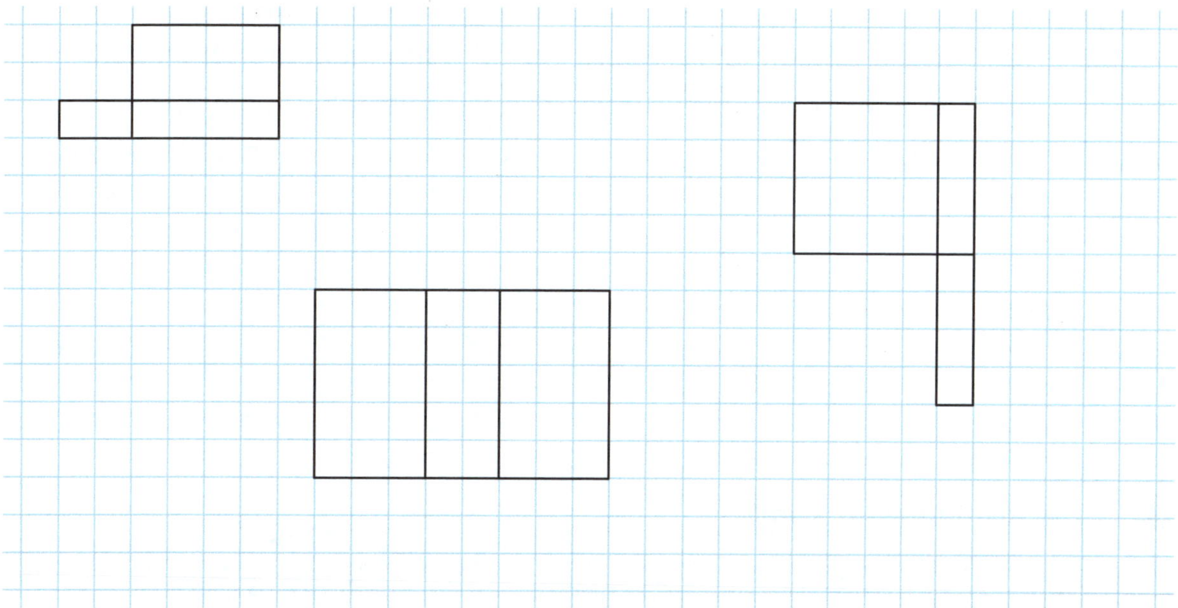

6 Körpernetze zuordnen

Kegel ◯ Würfel ◯ Zylinder ◯ Quader ◯ Pyramide ◯

1 Rechne im Kopf.

648 + 60 = ______
5 648 + 60 = ______
75 648 + 60 = ______
475 648 + 60 = ______

852 – 7 = ______
5 852 – 7 = ______
75 852 – 7 = ______
475 852 – 7 = ______

2 0 1 2 3 4 5 6 7 8 9

a) Bilde mit den Ziffernkarten zwei fünfstellige Zahlen und addiere sie. Die Summe soll größer als 50 000 sein.

b) Bilde mit den Ziffernkarten zwei fünfstellige Zahlen und subtrahiere sie. Die Differenz soll kleiner als 50 000 sein.

3 Schriftlich oder im Kopf?

12 796 · 7 = ______
8 001 · 9 = ______

2 005 · 4 = ______
13 069 · 8 = ______

8 973 · 7 = ______
10 200 · 3 = ______

4 Bilde zwei Aufgaben, die ohne Rest teilbar sind.

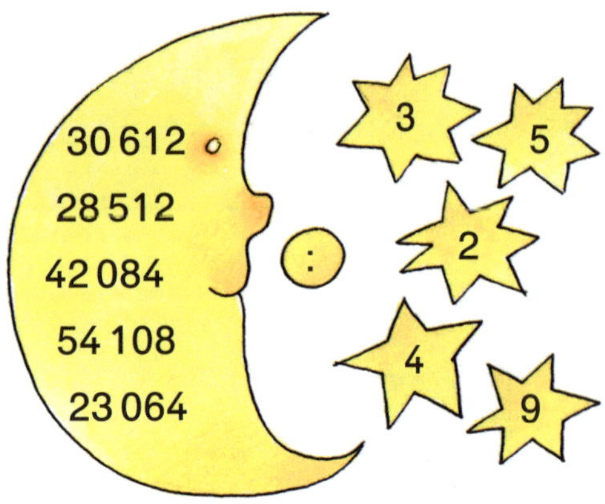

5 Setze die richtige Maßeinheit ein.

Ein Kind in der vierten Klasse wiegt ungefähr 30 ______.

Die große Pause in der Schule dauert 20 ______.

In der Pause habe ich 200 ______ Schokomilch getrunken.

Mein Schulweg ist 1,8 ______ lang.

Mein Mathebuch wiegt ungefähr 500 ______.

6 Zahlenrätsel

Drei Zahlen ergeben zusammen 9 100.
Die erste Zahl ist das Neunfache von 576.
Die zweite Zahl ist um 4 741 kleiner als das Achtfache von 887. Wie heißt die dritte Zahl?

Die dritte Zahl heißt

7 Zum Knobeln

In einem Hotel stehen 28 Zimmer zur Verfügung. Es gibt Einzel- und Doppelzimmer. In allen Zimmern zusammen stehen 36 Betten.
Wie viele Einzelzimmer gibt es?

Es sind ______ Einzelzimmer.

Quellenverzeichnis

S. 24: © lesniewski/Fotolia.com; S. 28: (1) © marqs/Fotolia.com; (2) © oksana 2010/Shutterstock; S. 29: (1) © hikrcn/Fotolia.com; (2) © Janina Dierks/Fotolia.com; S. 44: (1) © emer/Fotolia.com; (2) © emer/Fotolia.com; (3) Elliotte Rusty Harold/Shutterstock; (4) © nerthuz/Fotolia.com; (5) © Chastity/Fotolia.com; S. 49: (1) © paulrommer/Fotolia.com; (2) © dieKLEINERT.de/picture-alliance; S. 72: (1) © PixelPower/Fotolia.com; (2 – 7) © Rolf Dürr, Reutlingen

Fredo 4 Mathematik

Erarbeitet von:	Mechtilde Balins, Rita Dürr, Nicole Franzen-Stephan, Petra Gerstner, Ute Plötzer, Anne Strothmann, Margot Torke und Lilo Verboom
Redaktion:	Antje Bauditz, Altenstadt (Hessen); Marlen Dietz
Illustration:	Cleo-Petra Kurze, Berlin; Martina Theisen, Stadecken-Elsheim (Fredo, Frida, Fips)
Grafik:	Detlef Seidensticker, München
Umschlagkonzept:	Mendell & Oberer, München
Gesamtgestaltung:	Erasmi + Stein, München
Technische Umsetzung:	fidus Publikations-Service GmbH, Nördlingen

www.oldenbourg.de

1. Auflage, 1. Druck 2017

Alle Drucke dieser Auflage sind inhaltlich unverändert und können im Unterricht nebeneinander verwendet werden.

Druck: Firmengruppe APPL, aprinta Druck, Wemding

ISBN 978-3-637-01869-3